职业教育规划教材

液压与气压传动技术

主　编　周荣晶　王才峄

副主编　滕丰健　张　明

苏州大学出版社

Soochow University Press

图书在版编目(CIP)数据

液压与气压传动技术 / 周荣晶,王才峄主编. — 苏
州:苏州大学出版社,2017.8
职业教育规划教材
ISBN 978-7-5672-2182-6

Ⅰ.①液… Ⅱ.①周…②王… Ⅲ.①液压传动−职
业教育−教材②气压传动−职业教育−教材 Ⅳ.
①TH137②TH138

中国版本图书馆 CIP 数据核字(2017)第 172209 号

液压与气压传动技术

周荣晶　王才峄　主编

责任编辑　苏　秦

苏州大学出版社出版发行
(地址:苏州市十梓街 1 号　邮编:215006)
镇江文苑制版印刷有限责任公司印装
(地址:镇江市黄山南路 18 号润州花园 6-1 号　邮编:212000)

开本 787mm×1092mm　1/16　印张 14.25　字数 347 千
2017 年 8 月第 1 版　2017 年 8 月第 1 次印刷
ISBN 978-7-5672-2182-6　定价:42.00 元

Preface　前言

本书主要适合职业类机械工程相关专业的学生使用,对有关工程技术人员也有一定的参考价值.全书共 11 章,主要内容包括液压和气压传动基础知识、液压和气压元件、液压和气压基本回路、典型液压和气压传动系统及其设计、液压和气压系统的安装和使用以及电气控制与 PLC 控制系统等.

本书的编写在体系和内容安排上重点考虑了以下几点:

(1) 以"够用"为度,着重基本概念和原理的阐述,简化烦琐的公式推导.

(2) 以"应用"为主旨,在较全面阐述基本内容的基础上,突出回路分析和设计能力的训练,突出针对性和实用性.

(3) 贯彻"少而精"的原则,以典型设备为例,反映液压与气压技术在工业上的应用和最新发展状况.

(4) 突出不同类型和系统的主要特征、特性及其分析方法,提高学生分析问题和解决问题的能力.每章附有思考题,便于学生复习巩固.

(5) 全书采用国家最新标准,并注意符号的规范和统一.

本书由上海工程技术大学高等职业技术学院、上海市高级技工学校周荣晶和王才峰任主编,上海宇航系统工程研究所滕丰健和张明任副主编,上海工程技术大学高等职业技术学院、上海市高级技工学校宁宗奇参编.全书编写分工如下:周荣晶编写第一、二、三、五、六章,王才峰编写第八、九、十一章,滕丰健编写第七章,张明编写第十章,宁宗奇编写第四章.在本书编写过程中,得到了上海工程技术大学高等职业技术学院、上海市高级技工学校黄晓峰、庄慧忠和茹秋生三位老师的指导,获得了宝钢人才开发院的支持和帮助,在此表示感谢.

由于编者水平有限,加之编写时间仓促,书中难免存在错误和不妥之处,敬请广大读者批评指正.

编　者

Contents 目　录

第一章　液压系统基础知识 ··· 1

第一节　液压传动的工作原理 ··· 1

第二节　液压传动系统的组成和图形符号 ······························· 3

第三节　液压传动系统的特点与应用 ····································· 6

思考与练习 ··· 8

第二章　液压泵 ··· 10

第一节　液压泵的工作原理与主要性能参数 ····························· 10

第二节　液压泵的分类 ··· 13

第三节　液压泵的选用 ··· 18

思考与练习 ··· 19

第三章　液压执行元件 ··· 21

第一节　液压马达 ··· 21

第二节　液压缸 ··· 23

第三节　液压缸的结构 ··· 29

思考与练习 ··· 31

第四章　液压辅助元件 ··· 33

第一节　液压管路及接头 ··· 33

第二节　油箱 ··· 37

第三节　过滤器 ··· 38

第四节　蓄能器 ··· 41

第五节　压力计与压力开关 ··· 43

第六节　冷却器 ··· 45

思考与练习 ··· 46

第五章　液压控制阀 ···················· 48

第一节　阀的基本类型和要求 ················ 48

第二节　方向控制阀 ···················· 49

第三节　压力控制阀 ···················· 60

第四节　流量控制阀 ···················· 71

第五节　新型液压元件 ··················· 76

思考与练习 ························ 82

第六章　液压基本回路 ·················· 87

第一节　压力控制回路 ··················· 87

第二节　速度控制回路 ··················· 95

第三节　多缸控制回路 ·················· 107

思考与练习 ······················· 114

第七章　液压系统分析、设计、安装调试及故障诊断 ··· 117

第一节　液压系统分析 ·················· 117

第二节　液压系统设计 ·················· 121

第三节　液压系统的安装调试 ··············· 133

第四节　液压系统的使用与维护 ·············· 139

第五节　液压系统故障诊断方法 ·············· 140

思考与练习 ······················· 144

第八章　气压传动系统工作原理与组成 ·········· 146

第一节　气压传动基础知识 ················ 146

第二节　气源装置及辅助元件 ··············· 150

第三节　气动执行元件 ·················· 159

第四节　气动控制元件 ·················· 165

思考与练习 ······················· 177

第九章　气动基本回路 ·················· 179

第一节　换向回路 ···················· 179

第二节　压力控制回路 ·················· 180

第三节　速度控制回路 ·················· 182

第四节　安全保护和操作回路 ··············· 186

第五节　其他控制回路 ·················· 188

思考与练习 ·· 191

第十章　气动系统设计、分析、使用与维护 ···················· 193

第一节　气动系统设计 ·· 193

第二节　典型气动系统 ·· 200

第三节　气动系统的安装与调试 ·· 204

第四节　气动系统的使用与维护 ·· 205

第五节　气动系统的故障诊断 ·· 206

思考与练习 ·· 207

第十一章　电气控制系统与 PLC 控制系统 ······················· 208

第一节　电气控制系统 ·· 208

第二节　PLC 控制系统 ·· 210

附录　常用液压与气动图形符号 ······································· 213

参考文献 ··· 218

第一章　液压系统基础知识

第一节　液压传动的工作原理

一、不同传动方式简介

常用传递动力的方法有三种:机械传动、电气传动和流体传动,每种传动方式都有其基本特点.

机械传动是指通过齿轮、齿条、链、带等机械结构传递动力和进行控制.其优点是传动效率高、准确可靠、加工容易、操作简单以及维护简单等;缺点是远距离传动比较困难,一般不能进行无级调速,结构比较复杂等.

电气传动是指利用电力设备、调节电参数来传递动力和进行控制.其主要优点是信号传递迅速、能量传递方便、标准化程度高、易于实现自动化等;主要缺点是受负载影响较大,启动和换向反应速度有限,运动平稳性较差,易受温度、湿度、振动、腐蚀等环境因素影响.

流体传动是以流体为工作介质,进行能量的转换、传递和控制,根据工作介质的不同,它可分为液体传动和气体传动两种.根据工作原理的不同,液体传动分为液压传动和液力传动,气体传动分为气压传动和气力传动.液压传动和气压传动基于帕斯卡原理,主要由静压力传递动力;液力传动和气力传动基于欧拉方程,利用静流动动能传递动能.本教材介绍的系统均以液压油或压缩空气为工作介质进行能量传递,这两种传动方式的特点后面再详细介绍.

二、液压传动的工作原理

液压传动是以液体作为工作介质并以压力能方式来进行能量传递和控制的一种传动形式,以图1-1所示的液压千斤顶为例说明液压传动的工作原理和基本特征.

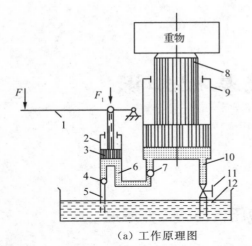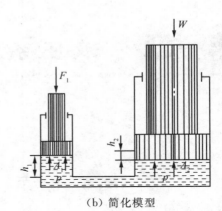

（a）工作原理图　　　　　　　（b）简化模型

1：杠杆手柄　2：小缸体　3：小活塞　4、7：单向阀　5：吸油管　6、10：管道
8：大活塞　9：大缸体　11：截止阀　12：通大气式油箱

图 1-1　液压千斤顶

如图 1-1(a)所示,当手柄 1 向上抬起时,带着小活塞 3 在小缸体 2 内部向上移动,小活塞下端容积增大形成局部真空,由于单向阀 7 上方管路压力大于下方压力,单向阀 7 关闭,而单向阀 4 上方管路压力(局部真空)小于下方油箱压力(压力等于大气压),油箱里面的液压油在大气压的作用下向上运动,单向阀 4 被打开,吸油管 5 从油箱 12 中吸油;当手柄 1 向下压时,小活塞下移,小活塞下腔压力升高,单向阀 4 关闭,单向阀 7 被打开,下腔的油液经管道 6 流入大缸体 9 中,推着大活塞 8 向上移动,顶起重物.往复扳动手柄,就能不断地将油液压入大活塞 8 的下腔,使重物逐步升起;当打开截止阀 11,大活塞 8 下腔的油液压力大于油箱压力,液压油自动通过管道 10、阀 11 流回油箱,大活塞在重物和自重作用下回到原始位置.

在上述分析过程中,均假设各活塞在缸体内可自由滑动(无摩擦力)又不使液体渗漏,在提升重物的过程中,截止阀 11 是关闭的,因此缸体的工作腔与油管里都充满油液并与大气隔绝——即液体在密封容积内.杠杆手柄 1、小缸体 2、小活塞 3、单向阀 4 和 7 组成手动液压泵,从油箱里吸油,向大缸体里提供压力油.单向阀 4 的作用是在手柄下压时断开缸体与油箱的油路;单向阀 7 的作用是防止再次提起手柄吸油时,大活塞下腔的油液倒流,以保证重物不会自行下落.

由上例可见,液压传动具有以下特点:

（1）容积式传动.

以液体为传动介质,必须在密闭的容器内进行,依靠密封容积的变化来传递动力,依靠液体的压力能来传递动力.

（2）压力取决于负载.

液压千斤顶简化模型如图 1-1(b)所示,忽略管路中流动阻力,整个系统符合帕斯卡原理,即连通的容器内均具有相同的压力 p,这时作用在大、小活塞上的压力都为 p,根据力平

衡分析有

$$p = \frac{F_1}{A_1} = \frac{W}{A_2} \tag{1-1}$$

式中，A_1、A_2——小活塞和大活塞的作用面积；

　　F_1——手柄作用在小活塞上的力；

　　W——作用在大活塞上的负载重力.

　　由式(1-1)可以看出，当 A_1、A_2 一定时，负载重力 W 越大，则系统的工作压力 p 越大；若负载为零，系统压力也为零，力 F_1 是施加不上去的，即液压系统的工作压力取决于负载.

　　由式(1-1)可得，若力 F_1 一定，两个活塞的面积之比 A_2/A_1 越大，使大活塞抬起的作用力就越大. 即在小活塞上施加较小的力，可以在大活塞上产生较大的作用力，这就是液压千斤顶起重的原理.

　　（3）速度取决于流量.

　　如果不考虑液体的可压缩性、泄漏和管路变形等因素，根据液体运动的连续性原理，图1-1(b)中的小活塞向下移动压出的液体体积，应等于大活塞向上移动所扩大的容积，即有

$$A_1 h_1 = A_2 h_2 \tag{1-2}$$

式(1-2)两边同时除以运动时间 t，得

$$A_1 v_1 = A_2 v_2 = q \tag{1-3}$$

或

$$v_2 = \frac{A_1}{A_2} v_1 = \frac{q}{A_2} \tag{1-4}$$

式中，h_1、h_2——小活塞、大活塞的位移；

　　v_1、v_2——小活塞、大活塞的平均运动速度；

　　q——管路里液体平均流量.

　　由式(1-4)可以看出，在活塞横截面积一定的情况下，大活塞的运动速度 v_2 与输入的流量 q 成正比，与活塞横截面积 A_2 成反比，与负载无关. 只要不断调节系统里的流量，就可以连续改变活塞和负载的运动速度，从而实现无级调速.

第二节　液压传动系统的组成和图形符号

一、液压传动系统的组成

　　如图1-2所示为简化了的平面磨床工作台液压传动系统图，液压系统驱动工作台左右移动. 系统工作原理如图1-2(a)所示，液压泵17由电动机带动从油箱19中吸油，油液经过滤油器18进入液压泵吸油腔，挤压后进入压力油路后，通过开停换向阀10、节流阀7，经换

向阀 5 进入液压缸 2 的左腔. 液压缸 2 的缸体固定不动,活塞 3 便在油液压力的推动下,带动固定在活塞杆上的工作台 1 向右运动,此时液压缸右腔的油液经换向阀 5 和回油管 16 排回油箱.

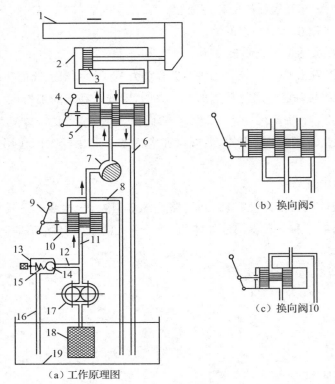

（b）换向阀5

（c）换向阀10

（a）工作原理图

1:工作台　2:液压缸　3:活塞　4:换向手柄　5:换向阀　6、8、16:回油管　7:节流阀
9:开停手柄　10:开停换向阀　11:压力管　12:压力支管　13:溢流阀
14:钢球　15:弹簧　17:液压泵　18:滤油器　19:油箱

图 1-2　平面磨床工作台液压传动系统图

若将换向阀 5 的手柄置成图 1-2(b)所示状态,则经节流阀 7 的压力油将由换向阀 5 进入液压缸的右腔. 此时液压缸左腔的油经换向阀 5 和回油管排回油箱,液压缸 2 中的活塞 3 将推动工作台 1 向左移动.

若系统中换向阀 10 处于图 1-2(c)的位置,则液压泵输出的压力油将经换向阀 10 直接回油箱,此时系统处于卸荷状态,液压油不能进入液压缸,因此换向阀 10 又可称为开停阀.

转换换向阀 5,即可变换压力油进入液压缸 2 的方向,从而实现工作台往复运动. 工作台的运动速度可通过改变节流阀 7 的开口量进行调节,当开口大时,单位时间内进入液压缸的油液增多,工作台的运动速度变快,开口小时,运动速度变慢.

为克服工作台的摩擦力、切削力等各种阻力,液压缸必须输出足够大的推力,这由液压泵输出的压力来保障,根据不同工作情况,液压泵输出的油液压力由溢流阀 13 进行调整. 通常,由于电机转速一定,因此液压泵单位时间内输出的油液体积也为定值,而输入液压缸的油液多少由节流阀 7 调节,因此液压泵输出的多余油液须经溢流阀 13 流回油箱 19.

由以上实例可以看出,一个完整的、能够正常工作的液压系统一般由传动介质(液压油)、动力元件、执行元件、控制元件和一些辅助元件组成,如表1-1所示.

表 1-1　液压传动系统的组成

组成部分	功能	主要元件
传动介质	传递能量的介质,同时还可起润滑、冷却和防锈的作用.它直接影响着液压系统的性能和可靠性.	液压油
动力元件	系统的能量输入装置,它将原动机输入的机械能转换成液体的压力能,向液压系统提供压力油.	液压泵
执行元件	系统的能量输出装置,它把液体的压力能转换为机械能,克服负载,带动机械完成所需的动作.	液压缸、液压马达
控制元件	用来控制和调节液压系统所需的压力、流量、方向和工作性能,以保证执行元件实现各种不同的工作要求.	各种控制阀,如压力阀、流量阀、方向阀
辅助元件	起连接、贮油、过滤、贮存压力能和测量油液压力等作用,保证液压系统可靠和稳定地工作,具有非常重要的作用.	油管、管接头、油箱、过滤器、蓄能器、压力表等

二、液压传动系统的图形符号

如图 1-2 所示的液压传动系统图,是一种半结构式的工作原理图,称为结构原理图.这种原理图直观性强、容易理解,当液压系统发生故障时,根据原理图检查十分方便.但图形比较复杂,绘制起来比较麻烦,当系统复杂、元件数量多时更是如此.为了简化原理图的绘制,系统中各元件可用符号表示.这些图形符号脱离元件的具体结构,只表示元件的职能(即功能)、控制方式及外部接口,不表示元件的具体结构和参数及连接口的实际位置和元件的安装位置.我国 2009 年制定的液压气动图形符号 GB/T786.1—2009《流体传动系统及元件图形符号和回路图第 1 部分:用于常规用途和数据处理的图形符号》对元件图形符号进行了规定.各类元件的图形符号在后面介绍元件时再做介绍.图 1-3 即为用图形符号绘制的图 1-2 所示液压传动系统.

对于这些图形符号有以下几条基本规定:

(1) 符号只表示元件的职能,连接系统的通路,不表示元件的具体结构和参数,也不表示元件在机器中的实际安装位置.

(2) 元件符号内的油液流动方向用箭头表示,线段两端都有箭头的,表示流动方向可逆.

(3) 符号均以元件的静止位置或中间零位置表示,当系统的动作另有说明时,可作为例外.

(4) 若有些液压元件无法用图形符号表示时,仍允许采用半结构原理图表示.

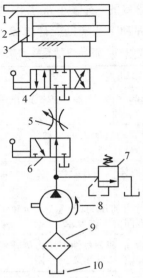

1：工作台　2：液压缸　3：活塞　4：换向阀　5：节流阀
6：开停阀　7：溢流阀　8：液压泵　9：滤油器　10：油箱

图1-3　机床工作台液压系统的图形符号

 第三节　液压传动系统的特点与应用

一、液压传动的优点

（1）单位功率重量轻，控制灵活，响应速度快．如轴向柱塞泵的重量只是同功率直流发电机重量的 10％～20％，外形尺寸也只有后者的 12％～13％．液压传动能输出大的推力或大转矩，可实现低速大吨位传动，这是其他传动方式不能比的突出优点．

由于输出同等功率的条件下，液压传动体积小、重量轻、结构紧凑，因此惯性小，启动、制动迅速，动态特性好．例如，一个中等功率的电动机启动需要 1s 或更长时间，而同等功率的液压马达启动只需 0.1s 左右．所以，液压传动易于实现平稳且快速的启、停、变速或频繁换向．

（2）速度调节容易，能方便地实现无级调速，且调速范围大，低速性能好．液压传动调速比可达到 100∶1～2000∶1，电气传动虽可实现无级调速，但调速范围小得多，且低速时不平稳．

（3）液压传动装置的控制、调节比较简单，操纵比较方便、省力，易于实现自动化或遥控．当机、电、液配合使用时，易实现较复杂的自动工作循环．

（4）液压传动系统利用溢流阀便于实现过载保护，使用安全、可靠，不会因过载而造成元件损坏.而且,由于各液压元件中的运动件均在油液中工作,能自行润滑和吸振,故系统工作平稳,元件的使用寿命长.

（5）液压传动的各元件易于实现标准化、系列化和通用化,所以液压系统的设计、制造和使用都比较方便.液压元件的排列布置也具有较大的机动性,这是机械传动难以实现的.

二、液压传动的缺点

液压传动虽然有很多突出优点,但也存在以下缺点:

（1）油液泄漏.液压传动以液体为工作介质,在元件中相对运动表面间不可避免地要有泄漏,再加上液体并不是绝对不可压缩的,因此液压传动不能保证严格的传动比,不能用于有严格传动比要求的内传动链中.油液泄漏将造成环境污染、资源浪费,油液燃烧可能导致重大事故.

（2）传动效率较低.液压系统中能量要进行两次转换,在能力转换和传递过程中能量损失较大,如泄漏损失、溢流损失、节流损失、摩擦损失等,因此液压系统效率偏低,不适宜作为远距离传动装置.

（3）受温度影响较大.液体的黏度和温度有密切关系,当工作温度或环境温度变化时,液体会随之改变,将直接影响泄漏、压力损失以及通过节流元件的流量等,从而引起执行元件运动特性的变化.液压油液的性能及使用寿命均对温度比较敏感,因此,在很低或很高温度条件下,采用液压传动有一定的困难.

（4）造价较高.为了减少泄漏,液压元件的制造精度要求较高,因此,液压元件的制造成本较高,且对油液的污染比较敏感,要求有较好的工作环境.

（5）维修较难.所有液压元件和工作介质都密封在系统中,故障征兆难以及时发现,故障诊断也比较困难,因此对维修人员提出了更高的要求,既要系统地掌握液压传动的理论知识,又要具有一定的实践经验.

（6）噪声.在高压、高速、高效率和大流量化的情况下,液压元件和系统的噪声日益增大,这也是须解决的问题.

三、液压传动的应用

总的来说,液压传动的优点很多,缺点也不容忽视,随着科技的发展与进步,液压传动的缺点正在逐步被克服,性能不断提高,应用领域也在不断扩大.从传统的组合机床、锻压设备、注射机、机械手、自动加工及装配线到金属和非金属压延,从建筑、工程机械到农业、环保设备,从能源机械调速控制到热力与化工设备过程控制,从采煤机械到石油钻探及采收设备,从航空航天器控制到船舶、火车及家用小汽车等,液压传动与控制技术已成为现代机械工程的基本要素和工程控制的关键技术之一.液压传动在机械行业中的应用举例如表 1-2 所示.

表 1-2　液压传动在各类机械行业中的应用

行业名称	应用场所举例
机床工业	磨床、铣床、刨床、拉床、压力机、自动机床和半自动车床、组合机床、数控机床、加工中心等
工程机械	挖掘机、装载机、推土机、压路机、铲运机等
汽车工业	自卸式汽车、平板车、高空作业车、汽车中的转向器、减振器等
农业机械	联合收割机、拖拉机、农具悬挂系统等
轻工机械	打包机、注塑机、校直机、橡胶硫化机、造纸机等
冶金机械	电炉控制系统、轧钢机控制系统、压力机等
起重运输机械	起重机、叉车、装卸机械、液压千斤顶、汽车吊、港口龙门吊、皮带运输机等
矿山机械	开采机、提升机、液压支架、凿岩机、开掘机等
建筑机械	打桩机、平地机等
船舶港口机械	起货机、锚机、舵机等
铸造机械	砂型压实机、加料机、压铸机等
智能机械	折臂式小汽车装卸器、数字式体育锻炼机、模拟驾驶舱、机器人等

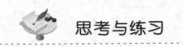 思考与练习

一、填空题

1. 液压传动是以_____为传动介质,利用液体的_____来实现运动和动力传递的一种传动方式.

2. 液压传动必须在_____进行,依靠液体的_____来传递动力,依靠_____来传递运动.

3. 液压传动系统由_____、_____、_____、_____和_____五部分组成.

4. 各种控制阀用以控制液压系统所需的_____、_____、_____和_____,以保证执行元件实现各种不同的工作要求.

5. 液压元件的图形符号只表示元件的_____、_____及_____,不表示元件的_____、_____及连接口的实际位置和元件的_____.

6. 液压元件的图形符号在系统中均以元件的_____表示.

二、判断题

1. 液压传动不易获得很大的力和转矩. （　　）

2. 液压传动装置工作平稳,能方便地实现无级调速,但不能快速启动、制动和频繁换向. （　　）

3. 液压传动与机械、电气传动相配合时,易实现较复杂的自动工作循环. 　　　　　　　　(　　)

4. 液压传动适宜在传动比要求严格的场合采用. 　　　　　　　　(　　)

5. 液压系统故障诊断方便、容易. 　　　　　　　　(　　)

6. 液压传动适宜于远距离传动. 　　　　　　　　(　　)

7. 液压系统的工作压力一般是指绝对压力值. 　　　　　　　　(　　)

8. 作用于活塞上的推力越大,活塞运动的速度就越快. 　　　　　　　　(　　)

三、简答题

1. 液压传动的工作原理是什么? 主要特征是什么?

2. 为什么在重载情况下,采用液压传动最有效?

3. 常用传动方式有哪些? 各自有什么特点?

4. 为什么说液压系统的工作压力决定于外负载? 液压缸有效面积一定时,其活塞运动速度由什么来决定?

第二章 液 压 泵

 第一节 液压泵的工作原理与主要性能参数

一、液压泵的工作原理

液压泵是液压系统的动力元件,将液压油以一定速度和压力输送到系统中,从能量角度看是将电机输入的机械能转变为液压能.其工作原理可用图 2-1 所示的单柱塞式液压泵来说明.

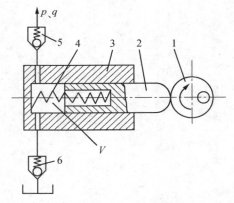

1:偏心轮 2:柱塞 3:泵体 4:弹簧 5、6:单向阀

图 2-1 单柱塞式液压泵的工作原理图

图 2-1 中柱塞 2 与泵体 3 中形成一个密封容积 V,柱塞 2 在弹簧 4 的作用下始终压紧在偏心轮 1 上.原动机驱动偏心轮 1 旋转,带动柱塞 2 在泵体 3 内部沿水平方向做往复运动,使得密封容积 V 的大小发生周期性的交替变化.当 V 的容积由小变大时就形成部分真空,使油箱中油液在大气压作用下,顶开单向阀 6 进入容积 V 中而实现吸油;反之,当 V 的容积由大变小时,V 腔中吸满的油液将顶开单向阀 5 流入系统而实现压油.这样液压泵就将原动机输入的机械能转换成液体的压力能,原动机驱动偏心轮不断旋转,液压泵就不断地吸油和压油.这种泵的输油能力(或输出流量)的大小取决于密封工作油腔的数目以及容积变化的大小和频率,故称容积式泵.从上述泵的工作过程可以总结出容积式液压泵的以下基本

特点：

（1）具有若干个密封且又可以周期性变化的空间.液压泵输出流量与此空间的容积变化量和单位时间内的变化次数成正比,与其他因素无关.这是容积式液压泵的一个重要特性.

（2）油箱内液体的绝对压力必须恒等于或大于大气压力.这是容积式液压泵能够吸入油液的外部条件.因此,为保证液压泵正常吸油,油箱必须与大气相通,或采用密闭的充压油箱.

（3）具有相应的配油机构,将吸油腔和排油腔隔开,保证液压泵有规律地、连续地吸/排液体.液压泵的结构原理不同,其配油机构也不相同,如图 2-1 所示的单向阀 5、6 就是配油机构.

二、液压泵的主要性能参数

1. 压力

（1）工作压力 p.

液压泵实际工作时的输出压力称为工作压力.工作压力的大小取决于外负载的大小和排油管路上的压力损失,而与液压泵的流量无关.如果负载无限制地增加,液压泵的工作压力也无限制地升高,直到液压泵本身工作机构的密封性和零件被损坏.因此,在液压系统中应设置安全阀,来限制泵的最大压力,起过载保护作用.

（2）公称压力.

液压泵公称压力是指液压泵在使用中允许到达的最大工作压力,超过此值就是过载.液压泵公称压力应符合国家标准（GB/T2346—2003）的规定,通常标注在铭牌上,也称铭牌压力.

（3）最大允许压力.

液压泵的最大允许压力是指液压泵在短时间内过载时所允许的极限压力.

2. 排量和流量

（1）排量 V.

液压泵的排量是指泵轴每转一转,由其密封容积的几何尺寸变化计算而得的排出液体的体积.公称排量应符合国家标准的规定.排量可调节的液压泵称为变量泵,排量不可调节的液压泵称为定量泵.

（2）流量 q_t.

① 理论流量 q_t.液压泵的理论流量,是指在不考虑液压泵油液泄漏的条件下,在单位时间内由其密封容积的几何尺寸变化计算而得的排出液体的体积.理论流量等于排量与其转速 n 的乘积,与工作压力无关.即

$$q_t = Vn \tag{2-1}$$

② 实际流量 q_c.液压泵的实际流量,是指泵工作时实际输出的流量,等于理论流量减去

因泄漏损失的流量.实际流量与工作压力有关.

③ 公称流量 q_n.液压泵的公称流量,是指泵在公称转速和公称压力下输出的流量.

3. 功率和效率

(1) 液压泵的功率损失.

液压泵的功率损失主要有容积损失和机械损失两种部分.

① 容积损失.容积损失是指液压泵在流量上的损失,液压泵的实际输出流量总是小于其理论流量,主要是因为液压泵存在泄漏(高压区流向低压区的内泄漏、泵体内流向泵体外的外泄漏).液压泵的容积损失用容积效率 η_V 来表示,等于液压泵的实际输出流量与理论流量的比值,即

$$\eta_V = \frac{q_c}{q_t} \tag{2-2}$$

液压泵的容积效率随着泵工作压力的增大而减小,且随泵的结构类型不同而不同.

② 机械损失.机械损失是指液压泵在转矩上的损失.液压泵的实际输入转矩 T_i 总是大于理论上需要的转矩 T_t,主要是因为液压泵泵体内存在各种摩擦消耗转矩(机械摩擦、液体摩擦).液压泵的机械损失用机械效率 η_m 表示,等于液压泵理论需要转矩与实际输入转矩的比值,即

$$\eta_m = \frac{T_t}{T_i} \tag{2-3}$$

(2) 液压泵的功率.

① 输入功率 P_i.液压泵的输入功率是指作用在液压泵主轴上的机械功率,由电机提供,当输入转矩为 T_i、转速为 n 时,有

$$P_i = 2\pi n T_i \tag{2-4}$$

② 输出功率 P_y.液压泵的输出功率是指泵输出的液压功率,等于泵的工作压力与实际流量的乘积,即

$$P_y = p q_c \tag{2-5}$$

(3) 液压泵的总效率 η.

液压泵的总效率是指液压泵的实际输出功率与其输入功率的比值,即

$$\eta = \frac{P_y}{P_i} \tag{2-6}$$

液压泵的输出功率总是小于泵的输入功率,主要是因为液压泵在能量转换时有能量损失(机械损失和容积损失),因此液压泵的总效率又等于机械效率和容积效率的乘积,即

$$\eta = \eta_m \eta_V \tag{2-7}$$

第二节 液压泵的分类

液压泵的分类方法有很多种,从大的方面来说常用的分类有:按每转输出的液体体积(排量)是否可调分为定量泵和变量泵;按压力的大小分为低压泵、中压泵和高压泵;按内部结构分为齿轮泵、叶片泵和柱塞泵三大类.除此以外还有螺杆式和其他一些液压泵.

液压泵的图形符号如图 2-2 所示.

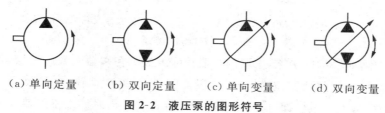

（a）单向定量　　　（b）双向定量　　　（c）单向变量　　　（d）双向变量

图 2-2　液压泵的图形符号

一、齿轮泵

齿轮液压泵是液压泵中结构最简单的一种,而且价格便宜,故在一般机械上被广泛使用.它的主要优点是:结构简单;渐开线齿轮的加工工艺性好;体积小,重量轻,吸油能力强;对油液污染不敏感,适应恶劣工作环境能力强;耐冲击,耐磨损,工作可靠.主要缺点是:只能做定量泵,排量不可调;压力和流量脉动较大,噪声较大(外啮合齿轮泵).

齿轮泵主要由一对相互啮合的齿轮、泵体、两个端盖等组成,利用齿间容积的变化来实现吸油和压油.按照齿轮啮合方式一般分为外啮合齿轮泵和内啮合齿轮泵两种.

1. 外啮合齿轮泵

如图 2-3(a)所示的两个外啮合齿轮,当啮合的轮齿按照图示方向旋转时,在右边密封工作腔中退出啮合,使该工作腔容积变大,产生局部真空,从而实现吸油动作,因此右腔称为吸油腔;吸油腔中的油液填充在轮齿间,随着旋转的齿轮运动到左边密封工作腔;在左边密封工作腔中,两齿轮的轮齿逐渐啮合,容积减小,齿间油液被挤压,经压油口输出,故称左腔为压油腔.当齿轮连续转动时,就实现了吸油腔不断从油箱吸油,压油腔不断排油.如果改变图中两个齿轮的旋转方向,则吸油腔和压油腔的位置互换,这就是齿轮泵的工作原理.

要确保齿轮泵平稳工作,齿轮啮合的重合度必须大于1,即前一对轮齿尚未脱开啮合前,后一对轮齿已经进入啮合.因此任何时候均有两对轮齿同时啮合,则有一部分油液会被封闭在这两对轮齿之间,此种现象称为"困油现象",如图 2-3(b)所示.在齿轮转动过程中,啮合的两对轮齿形成的封闭容积在不断变化,由大变小,再由小变大.封闭容积变小时,被困住的不可压缩的油液受到挤压,压力急剧上升,会使泵剧烈震动,这时高压油会从缝隙中泄露,造成功率损失和油液发热等;封闭容积变大时,由于没有油液补充,形成局部真空,使得原先溶解在油液中的气体分离出来形成气泡,引起噪声、气蚀等.

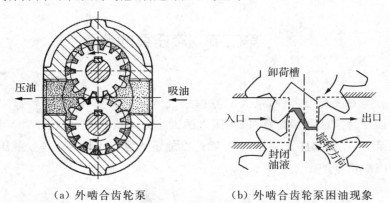

（a）外啮合齿轮泵　　　　　　　（b）外啮合齿轮泵困油现象

图 2-3　外啮合齿轮泵

为了减轻"困油现象"的影响,采取的一般消除方法为在端盖上开卸荷槽,当闭死容积减小时,与压油腔相通;当闭死容积增大时,与吸油腔相通.两卸荷槽一般不是对称开设的,通常向吸油腔偏移,但无论怎样,两槽间的距离必须保证在任何时候都不能使吸油腔和压油腔相互串通.

外啮合齿轮泵的优点是结构简单,尺寸小,重量轻,制造方便,价格低廉,工作可靠,自吸能力强(允许的吸油真空度大),对油液污染不敏感,维护容易.它的缺点是一些机件承受不平衡径向力,磨损严重,泄露大,工作压力的提高受到限制,且由于它的流量脉动大,因而压力脉动和噪声都比较大.

2. 内啮合齿轮泵

如图 2-4 所示,内啮合齿轮泵有渐开线齿形和摆线齿形两种,小齿轮是主动轮,大齿轮随小齿轮同向旋转.这两种内啮合齿轮泵工作原理和主要特点皆与外啮合齿轮泵相同.在渐开线齿形内啮合齿轮泵中,小齿轮和内齿轮之间要装一块月牙隔板,以便把吸油腔和压油腔隔开,如图 2-4(a)所示;摆线齿形啮合齿轮泵又称摆线转子泵,在这种泵中,小齿轮和内齿轮只相差一个齿,因而无须设置隔板,如图 2-4(b)所示.

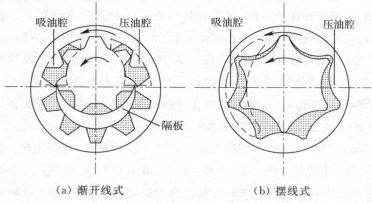

（a）渐开线式　　　　　　　　（b）摆线式

图 2-4　内啮合齿轮泵

内啮合齿轮泵的优点是结构紧凑,尺寸小、重量轻,运转平稳,噪声低,在高转速工作时有较高的容积效率,但在低速、高压下工作时,压力脉动大,容积效率低,所以一般用于中、低压系统.在闭式系统中,常用这种泵作为补油泵.内啮合齿轮泵的缺点是齿形复杂,加工精度要求高,需要专门的制造设备,价格较贵,且不适合低速、高压工况.

二、叶片泵

叶片泵的结构复杂程度和制造成本介于齿轮泵和柱塞泵之间.其主要优点是:结构紧凑,外形尺寸小,流量脉动小,工作平稳,噪声较小,使用寿命长等;主要缺点是:结构复杂,吸油性不太好,对油液的污染也比较敏感.因此它广泛应用于机床、自动线、船舶等中低液压系统中.

叶片泵利用相邻叶片间的容积变化实现吸压油,根据其转子旋转一周完成的吸、压油次数的不同,分为单作用叶片泵和双作用叶片泵.单作用叶片泵多为变量泵,双作用叶片泵均为定量泵.一般叶片泵的工作压力为 7MPa,结构改进后的高压叶片泵的工作压力可达 $25\sim32$MPa.

1. 单作用叶片泵

单作用叶片泵的工作原理如图 2-5 所示,单作用叶片泵由转子 1、定子 2、叶片 3 以及端盖等组成.定子与转子间有偏心距 e;叶片装在转子槽中,可在槽内滑动;转子旋转时,叶片在离心力的作用下,紧靠在定子内壁,这样定子、转子、叶片就形成了若干个密封的工作腔.当转子按图示方向旋转时,右边密封工作腔由于叶片逐渐伸出,容积逐渐增大,通过配油盘上的吸油口将油液吸入,称为吸油腔;而左边密封工作腔由于叶片逐渐被压进槽内,容积逐渐减小,通过压油口将油液压出,称为压油腔.吸油腔和压油腔之间有一段封油区,将两腔隔开.由于其转子每转一周,每个工作腔完成一次吸油和压油,故称单作用叶片泵.

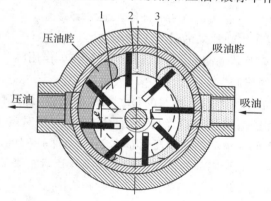

1:转子　2:定子　3:叶片

图 2-5　单作用叶片泵的工作原理图

由于单作用叶片泵转子左右两侧的油液压力不同,转子左右两侧受到的径向液压作用力不同,两侧受力不平衡,轴承负载较大,因此又被称为非卸荷式液压泵,一般不宜用在高压场合.单作用叶片泵大多为变量泵,通过改变定子和转子之间的偏心距改变流量.还可以通过改变偏心的方向来变换泵的进油口和出油口,将其做成双向变量泵.

2. 双作用叶片泵

如图 2-6 所示为双作用叶片泵的工作原理图. 该泵由转子 1、定子 2、叶片 3、配油盘(图中未表示出来)以及泵体 4 等零件组成. 转子和定子同心安装,定子内表面近似椭圆柱形与泵体固定在一起,叶片可在转子的径向叶片槽中灵活滑动,叶片槽的底部通过配油盘上的油槽分别与吸、压油口相连. 当转子按照图示方向旋转时,图上 2、4 象限的两个密封工作腔容积由小变大,通过配油盘的吸油窗口(与吸油口相连)吸入油液;1、3 象限的两个密封工作腔容积由大变小,通过配油盘的压油窗口(与压油口相连),将油液压出. 因这种泵转子每转一周,每个工作油腔完成两次吸油和压油,故称其为双作用叶片泵. 双作用叶片泵两个吸油区(低压)和两个压油区(高压)在径向上是对称分布的,油液作用在转子上的液压作用力互相平衡,使转子的轴承径向载荷得以平衡,所以又称其为双作用卸荷式叶片泵. 双作用叶片泵一般做成定量泵.

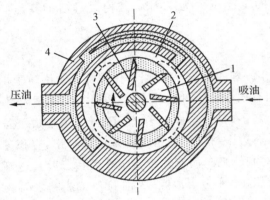

1:转子 2:定子 3:叶片 4:泵体

图 2-6 双作用叶片泵的工作原理图

随着技术的发展,双作用叶片泵的最高工作压力已达到 20～30MPa. 这是因为双作用叶片泵转子上的径向力基本上是平衡的,不像高压齿轮泵和单作用叶片泵那样,工作压力的提高会受到径向承载能力的限制.

双作用叶片泵提高工作压力以后存在的最主要的问题是,低压区叶片对定子内表面压紧力过大,高速运动时加剧磨损,影响泵的使用寿命. 减小叶片对定子压紧力的方法主要有以下三类:一是使叶片底部和顶部的油液压力基本平衡,如采用双叶片结构和弹簧叶片式结构等;二是通过减少低压区叶片底部的供油面积来减少叶片对定子的压紧力,如采用母子叶片结构;三是在低压区内减压供油,如采用带减压阀的叶片泵.

三、柱塞泵

与齿轮泵和叶片泵相比,柱塞泵有下列优点:

(1) 构成密封容积的零件为圆柱形的柱塞和缸孔,加工方便,可得到较高的配合精度,密封性能好,高压工作时仍有较高的容积效率.

(2) 只要改变柱塞的工作行程就能改变流量,易于实现变量.

（3）柱塞泵中的主要零件均受压应力作用,材料强度性能可得到充分利用.

由于柱塞泵压力高,结构紧凑,效率高,流量调节方便,故在需要高压、大流量、大功率的系统中和须调节流量的场合,如龙门刨床、拉床、液压机、工程机械、矿山冶金机械、船舶上得到广泛的应用.其主要缺点是结构复杂,价格高,对油液污染敏感.

柱塞泵是靠柱塞在缸体中做往复运动造成密封容积的变化来实现吸油与压油的,按柱塞的排列和运动方向不同,可分为径向柱塞泵和轴向柱塞泵两大类.

1. 径向柱塞泵

径向柱塞泵的工作原理如图 2-7 所示,柱塞 1 径向排列装在缸体 2 中,缸体由原动机带动连同柱塞一起旋转,所以缸体一般称为转子;转子与定子 4 偏心安装;柱塞在离心力的(或低压油)作用下抵紧定子的内壁.当转子按图示方向旋转时,由于定子和转子之间有偏心距 e,柱塞绕经上半周时向外伸出,柱塞底部的容积逐渐增大,形成部分真空,通过衬套 3(衬套压紧在转子内,并和转子一起回转)上的油孔从配油轴 5 上的吸油口 b 吸油;当柱塞转到下半周时,定子内壁将柱塞向里压,柱塞底部的容积逐渐减小,向配油轴的压油口 c 压油.配油轴固定不动,油液从配油轴上半部的两个孔 a 流入,从下半部的两个油孔 d 压出,为了进行配油,配油轴在和衬套 3 接触的一段加工出上下两个缺口,形成吸油口 b 和压油口 c,留下的部分形成封油区.封油区的宽度应能封住衬套上的吸压油孔,以防吸油口和压油口相连通,但尺寸也不能大得太多,以免产生困油现象.

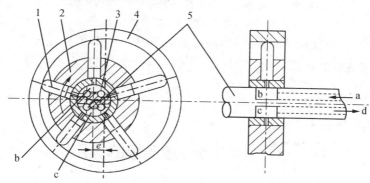

1:柱塞　2:缸体　3:衬套　4:定子　5:配油轴

图 2-7　径向柱塞泵的工作原理图

径向柱塞泵转子回转一周,每个柱塞底部的密封容积各吸油、压油一次.若将定子和转子的偏心距做成可调的,就成为变量泵,改变偏心距的方向时,进油口和压油口也随之互换,这就是双向变量泵.

由于径向柱塞泵径向尺寸大,结构较复杂,自吸能力差,且配油轴受到径向不平衡液压力的作用,易于磨损,从而限制了它的转速和压力的提高.

2. 轴向柱塞泵

轴向柱塞泵是将多个柱塞轴向配置在一个共同缸体的圆周上,且柱塞中心线与共同缸体中心线平行的一种泵.

图 2-8 所示为轴向柱塞泵的工作原理图,主要由斜盘 1、柱塞 5、缸体 7、传动轴 9、配油盘 10 等主要零件组成.斜盘法线和缸体轴线间的夹角为 γ;柱塞沿圆周均匀分布在缸体内,且中心线平行于缸体的轴线,柱塞可在其中灵活滑动;内套筒 4 在弹簧 6 的作用下通过压板 3 使柱塞头部的滑履 2 紧贴斜盘;外套筒 8 使缸体 7 和配油盘 10 紧密接触,起密封作用.斜盘和配油盘固定不动,传动轴带动缸体和柱塞一起转动.缸体每转一转,在斜盘作用下,每个柱塞往复移动一次,各完成一次吸油和压油.改变斜盘倾斜角 γ 的大小,可以改变柱塞往复运动的行程长度,从而改变了泵的排量;改变倾斜角 γ 的方向,就可以改变吸油和压油的方向,从而使泵成为双向变量泵.

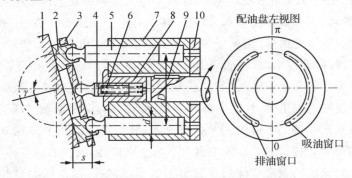

1:斜盘　2:滑履　3:压板　4:内套筒　5:柱塞
6:弹簧　7:缸体　8:外套筒　9:传动轴　10:配油盘

图 2-8　轴向柱塞泵的工作原理图

轴向柱塞泵的柱塞缸是轴向排列的,因此它具有径向柱塞泵良好的密封性和较高的容积效率等,且它的结构紧凑、尺寸小、惯性小,一般用于工程机械、压力机等高压系统,在机床上应用也较多.

 ## 第三节　液压泵的选用

液压泵是每个液压系统不可缺少的核心元件,合理地选择液压泵对于降低液压系统的能耗、提高系统的效率、降低噪声、改善工作性能以及保证系统的可靠工作都十分重要.

设计液压系统时,应根据所要求的工作情况合理选择液压泵.主要根据主机工况、功率大小和系统对工作性能的要求,首先确定液压泵的类型,然后按系统所要求的压力、流量大小确定规格型号.如表 2-1 所示为液压系统中常用液压泵的一些性能比较及应用.

表 2-1　常用液压泵的性能比较及应用

项目	外啮合齿轮泵	双作用叶片泵	限压式变量叶片泵	径向柱塞泵	轴向柱塞泵
输出压力	低压	中压	中压	高压	高压
流量调节	不能	不能	能	能	能

续表

项目	外啮合齿轮泵	双作用叶片泵	限压式变量叶片泵	径向柱塞泵	轴向柱塞泵
效率	低	较高	较高	高	高
流量脉动	很大	很小	一般	一般	一般
自吸特性	好	较差	较差	差	差
对油的污染敏感性	不敏感	较敏感	较敏感	很敏感	很敏感
噪声	大	小	较大	大	大
寿命	较短	较长	较短	长	长
单位功率造价	最低	中等	较高	高	高
应用范围	机床、工程机械、农机、航空、船舶、一般机械	机床、注塑机、液压机、起重运输机械、工程机械、飞机	机床、注塑机	机床、液压机、船舶机械	工程机械、锻压机械、起重运输机械、矿山机械、冶金机械、船舶、飞机

　　一般负载小、功率小的液压设备,可用齿轮泵或双作用式定量叶片泵;精度较高的中、小功率的液压设备,可用螺杆泵或双作用式定量叶片泵(如磨床);负载较大并有快速和慢速工作行程的液压设备(如组合机床等),可选用限压式变量叶片泵;负载大、功率大的液压设备(如龙门刨床、拉床、液压压力机等),可选用径向柱塞泵或轴向柱塞泵;机械设备辅助装置的液压系统,如送料、定位、夹紧、转位等装置的液压系统,可选用造价较低的齿轮泵.

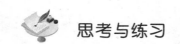 思考与练习

一、填空题

　　1. 按照内部结构的不同,常用的液压泵有_____、_____和_____三大类.

　　2. 在齿轮泵中,为了减轻_____的影响,在齿轮泵的端盖上开困油卸荷槽.

　　3. 变量叶片泵通过改变_____来改变输出流量,轴向柱塞泵通过改变_____来改变输出流量.

　　4. 液压泵的工作压力是指_____,其大小由_____决定.

　　5. 液压泵的公称压力是指_____最大工作压力,超过此值就是_____.

　　6. 液压泵的排量是指_____.

　　7. 液压泵的公称流量是指_____.

8. 液压泵的功率损失主要有_____和_____两部分.

9. 液压泵的总效率等于_____和_____的比值,等于_____和_____的乘积.

二、判断题

1. 齿轮泵都存在困油现象,须开卸荷槽. （　）

2. 根据叶片数目叶片泵可分为单作用叶片泵和双作用叶片泵两种. （　）

3. 单作用叶片泵通过调节转子与定子的偏心距来改变输出流量. （　）

4. 轴向柱塞泵的流量都可以调节. （　）

5. 液压泵的工作压力取决于液压泵的公称压力. （　）

6. 液压泵在公称压力下的流量就是液压泵的理论流量. （　）

7. 液压泵的理论流量比实际流量大. （　）

三、简答题

1. 液压泵要完成吸油和压油的必要条件是什么?

2. 困油现象对齿轮泵有什么影响?

3. 为什么齿轮泵会产生径向不平衡力?

4. 单作用叶片泵和双作用叶片泵的结构特点和优缺点各是什么?

四、计算题

某液压系统,泵的排量 $Q=10\text{mL/r}$,电机转速 $n=1200\text{r/min}$,泵的输出压力 $p=5\text{MPa}$,泵容积效率 $\eta_v=0.92$,总效率 $\eta=0.84$,求：

（1）泵的理论流量.

（2）泵的实际流量.

（3）泵的输出功率.

（4）驱动电机功率.

第三章　液压执行元件

液压系统的最终目的是推动负载运动,通过液压执行元件将液体的压力能转换为负载的机械能.根据运动形式不同可将执行元件分为液压缸和液压马达(或摆动缸)两类,液压缸带动负载做直线运动,液压马达(或摆动缸)带动负载做旋转(或摆动)运动.

第一节　液压马达

一、液压马达的特点与分类

从能量角度看,液压泵与液压马达的工作是可逆的,当在电动机的带动下转动时为液压泵,反之,当通入压力油时为液压马达.结构上液压泵和液压马达也基本相同,它们具有同样的基本结构要素——密封而又可以周期性变化的容积和相应的配油机构.

但是,由于液压马达和液压泵的功用不同,它们的实际结构是有差异的,对它们的性能要求也不一样,存在很多差异:

(1)液压马达应能够正、反转,因而其内部结构对称性要求较高.

(2)液压马达的转速范围要足够大,对最低稳定转速也有一定的要求.

(3)液压马达是在输入压力油条件下工作的,不必具备自吸能力,但需要一定的初始密封性,以提供必要的启动转矩.

由于上述差异的存在,使得液压马达与液压泵在结构上虽然比较相似,但一般都不能可逆工作.

液压马达按其结构类型来分,可以分为齿轮式、叶片式、柱塞式等形式;也可按额定转速来分,分为高速和低速两大类(额定转速高于 500r/min 的属于高速液压马达,额定转速低于 500r/min 的属于低速液压马达).高速液压马达的基本形式有齿轮式、螺杆式、叶片式和轴向柱塞式等,主要特点是转速高、转动惯量小、便于启动和制动等.通常高速液压马达输出转矩不大(仅几十牛·米到几百牛·米),所以又称为高速小转矩马达.低速液压马达的基本形式是径向柱塞式,主要特点是排量大、体积大、转速低(几转每分钟甚至零点几转每分钟)、输出转矩大(可达几千牛·米到几万牛·米),所以又称为低速大转矩液压马达.

二、液压马达的工作原理与图形符号

液压马达的工作原理与相同结构类型的液压泵相似,具体介绍请参照第二章的相关内容.液压马达的图形符号如图 3-1 所示.

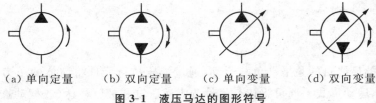

　　(a) 单向定量　　　(b) 双向定量　　　(c) 单向变量　　　(d) 双向变量

图 3-1　液压马达的图形符号

三、液压马达的基本参数

1. 液压马达的能量损失

液压马达与液压泵类似,能量转换时有能量损失,即泄漏流量损失和机械摩擦损失.

(1) 容积效率.

由于液压马达存在泄漏,液压马达的实际流量 q_M 总是小于液压马达的输入流量 q_{Mt}.其容积效率 η_{MV} 为

$$\eta_{MV} = \frac{q_M}{q_{Mt}} \tag{3-1}$$

液压马达的实际转速 n_M 为

$$n_M = \frac{q_{Mt}}{V} \eta_{MV} \tag{3-2}$$

式中,V——液压马达工作的排量,其含义与液压泵排量类似.

(2) 机械效率.

由于液压马达内部存在各种摩擦损失,液压马达的实际输出转矩 T_M 总是比理论输出转矩 T_y 小些.其机械效率 η_{Mm} 为

$$\eta_{Mm} = \frac{T_M}{T_y} \tag{3-3}$$

2. 液压马达的输出转矩

(1) 理论输出转矩.

若不计损失,输入的液压功率应当全部转化为液压马达的输出功率,即

$$\Delta p q_{Mt} = T_y \omega \tag{3-4}$$

式中,Δp——液压马达进、出油口的压力差;

　　ω——液压马达不计损失的输出角速度.

又因为 $q_{Mt} = V n_{Mt}$,$\omega = 2\pi n_{Mt}$,可得出液压马达理论输出转矩 T_y 与排量 V 的关系如下:

$$T_y = \frac{\Delta p V}{2\pi} \tag{3-5}$$

（2）实际输出转矩.

由式（3-3）和式（3-5）可得，液压马达的实际输出转矩为

$$T_M = \frac{\Delta p V}{2\pi}\eta_{Mm} \tag{3-6}$$

液压马达在工作中输出转矩的大小是由负载转矩决定的.但由式（3-6）可得，驱动同样大小的负载，排量大的马达压力要低于排量小的马达压力，因此排量的大小是液压马达工作能力的重要标志.

3. 液压马达的输出功率和总效率

液压马达对外做功的机械功率叫作液压马达的输出功率 P_M，且

$$P_M = T_M 2\pi n_M \tag{3-7}$$

液压马达的总效率 η_M 是指液压马达的输出功率 P_M 与输入功率 P_y 的比值，液压马达的输入功率 P_y 等于为其提供液压油的液压泵的输出功率.由于液压马达主要能量损失为泄漏流量损失和机械摩擦损失，则又有液压马达的总效率等于容积效率和机械效率的乘积，即

$$\eta_M = \frac{P_M}{P_y} = \eta_{MV}\eta_{Mm} \tag{3-8}$$

 **第二节 液 压 缸**

一、液压缸的类型

根据作用方式，液压缸可分为单作用式液压缸和双作用式液压缸两类；根据结构特点，液压缸可分为活塞式、柱塞式和摆动式三种类型.如图 3-2 所示，单作用式液压缸只能控制液压缸一个方向的运动，另一个方向的运动依靠手动或弹簧等外力控制；双作用式液压缸对两个方向的运动均可以控制，如图 3-3 所示的双作用活塞式液压缸又分为单杆型和双杆型两种.

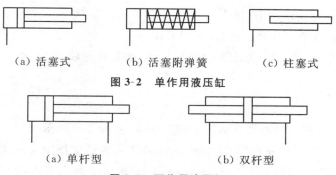

（a）活塞式　　（b）活塞附弹簧　　（c）柱塞式

图 3-2　单作用液压缸

（a）单杆型　　　　　　（b）双杆型

图 3-3　双作用液压缸

二、液压缸的主要参数计算

液压缸的工作原理如图 3-4 所示. 当液压缸缸体固定时, 活塞杆右端负荷为 W, 液压油从 A 口进入活塞左腔, 在活塞上产生向右的推力 F, 通过活塞杆与负荷 W 平衡, 推动活塞以速度 v 向右运动, 同时使活塞右侧的液压油通过 B 口流回油箱; 相反, 若高压油从 B 口进入, A 口回油, 活塞向左运动.

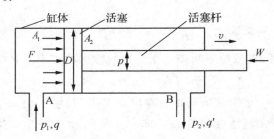

图 3-4 液压缸的工作原理图

(1) 速度和流量.

若忽略泄漏, 则液压缸的速度和流量关系如下:

$$q = Av \tag{3-9}$$

$$v = \frac{q}{A} \tag{3-10}$$

式中, q——液压缸的输入流量(m^3/s 或 L/min);

　　A——液压缸活塞上有效工作面积;

　　v——活塞移动速度.

通常, 活塞上有效工作面积是固定的, 由式(3-10)可知, 活塞的速度取决于输入液压缸的流量, 即速度和负载无关.

(2) 推力和压力.

推力 F 是压力为 p_1 的液压油作用在工作有效面积为 A 的活塞上的力, 以平衡负载 W. 若液压缸回油接油箱, 则 $p_2 = 0$, 故有

$$F = W = p_1 A \tag{3-11}$$

式中, p_1——液压缸的工作压力(MPa);

　　A——液压缸活塞上有效工作面积(mm^2).

推力 F 可看成是液压缸的理论推力, 因为活塞的有效面积固定, 故压力取决于总负载.

1. 活塞式液压缸

(1) 双杆液压缸.

双杆液压缸是活塞两端都带有活塞杆的液压缸, 如图 3-5 所示. 它有两种不同的安装形式, 如图 3-5(a)所示为缸体固定形式, 如图 3-5(b)所示为活塞杆固定形式. 前者工作台的移动范围约等于活塞有效行程 l 的 3 倍, 占地面积大, 常用于中小型设备; 后者工作台的移动范围只约等于液压缸行程 l 的 2 倍, 常用于大型设备.

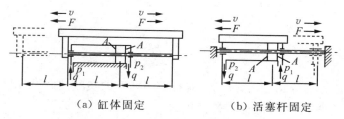

（a）缸体固定　　　　　（b）活塞杆固定

图 3-5　双杆液压缸

由于双杆液压缸两端的活塞杆直径通常是相等的,因此左右两腔有效面积也相等. 当分别向左、右两腔输入压力和流量相同的油液时,液压缸左、右两个方向的推力和速度相等,其计算式如下:

液压缸活塞的实际推力

$$F = A(p_1 - p_2) = \frac{\pi}{4}(D^2 - d^2)(p_1 - p_2) \tag{3-12}$$

液压缸活塞的运动速度

$$v = \frac{4q}{\pi(D^2 - d^2)} \tag{3-13}$$

式中, A——液压缸的有效面积;

D、d——活塞、活塞杆的直径;

q——输入液压缸的流量;

p_1、p_2——进油腔、回油腔的压力.

（2）单杆液压缸.

单杆液压缸如图 3-6 所示,活塞只有一端带活塞杆,它也有缸体固定和活塞杆固定两种形式,但液压缸运动所占空间长度都约是行程的两倍.

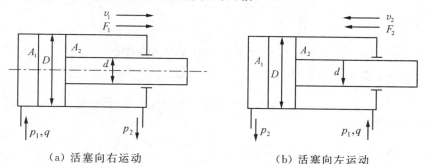

（a）活塞向右运动　　　　　（b）活塞向左运动

图 3-6　单杆液压缸

参照图 3-6 所示结构,由于单杆液压缸活塞两侧的有效面积不等,因此当进油腔和回油腔的压力分别为 p_1、p_2,输入左、右两腔的流量皆为 q 时,左右两个方向的推力和速度是不同的,其计算式如下:

$$F_1 = p_1 A_1 - p_2 A_2 = \frac{\pi}{4}\left[D^2 p_1 - (D^2 - d^2)p_2\right] \tag{3-14}$$

$$F_2 = p_1 A_2 - p_2 A_1 = \frac{\pi}{4}\left[(D^2 - d^2)p_1 - D^2 p_2\right] \tag{3-15}$$

$$v_1 = \frac{4q}{\pi D^2} \tag{3-16}$$

$$v_2 = \frac{4q}{\pi (D^2 - d^2)} \tag{3-17}$$

式中，F_1、F_2——压力油分别进入无杆腔、有杆腔时活塞的实际推力；

A_1、A_2——无杆腔、有杆腔的有效面积；

v_1、v_2——压力油分别输入无杆腔、有杆腔时活塞的速度.

通过式(3-14)与式(3-15)、式(3-16)与式(3-17)的比较可以得出：$F_1 > F_2$，$v_1 < v_2$. 即在相同压力和流量的液压油驱动下，活塞向右运动时的推力较大、速度较慢，向左运动时的推力较小、速度较快.

如图3-7所示，当液压油同时供给单杆活塞缸两腔时，由于无杆腔有效作用面积大于有杆腔的有效作用面积，使得活塞向右的作用力大于向左的作用力，因此，活塞向右运动，活塞杆向外伸出. 与此同时，又将有杆腔的油液挤出，使其流进无杆腔，从而加快了活塞杆的伸出速度. 单活塞杆液压缸的这种连接方式称为差动连接，作差动连接的单杆液压缸称为差动液压缸.

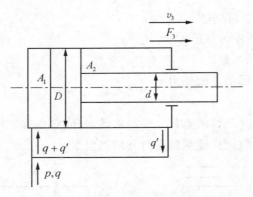

图3-7 单活塞杆液压缸的差动连接

差动缸活塞实际推力和运动速度的计算公式如下：

$$F_3 = p_1 (A_1 - A_2) = \frac{\pi}{4}\left[D^2 - (D^2 - d^2)\right]p_1 = \frac{\pi}{4}d^2 p_1 \tag{3-18}$$

$$v_3 = \frac{q + q'}{\frac{\pi D^2}{4}} = \frac{q + \frac{\pi}{4}(D^2 - d^2)v_3}{\frac{\pi D^2}{4}}$$

整理后，得

$$v_3 = \frac{4q}{\pi d^2} \tag{3-19}$$

由式(3-18)、式(3-19)可知，差动连接时，液压缸的推力比非差动连接时小，速度比非差动连接时大，这种连接方式被广泛应用于组合机床的液压动力滑台和其他机械设备的快速运动中.

实际生产中,单活塞杆液压缸常用在须实现"快速接近(v_3)—慢速进给(v_1)—快速退回(v_2)"工作循环的组合机床液压传动系统中,并且要求"快速接近"与"快速退回"的速度相等,即 $v_2 = v_3$,则有

$$\frac{4q}{\pi(D^2 - d^2)} = \frac{4q}{\pi d^2}$$

这时活塞直径 D 和活塞杆直径 d 存在着如下关系:

$$D = \sqrt{2}d$$

2. 柱塞式液压缸

前面介绍的活塞式液压缸应用非常广泛,但这种液压缸活塞与缸体内壁之间有配合要求,因此对孔的加工精度要求很高,当行程较长时,加工难度大,使得制造成本增加. 在生产实际中,某些场合所用的液压缸并不要求双向控制,柱塞式液压缸正是满足了这种使用要求的一种价格低廉的液压缸.

如图 3-8(a)所示,柱塞缸由缸筒、柱塞、导套、密封圈和压盖等零件组成. 柱塞和缸筒内壁不接触,因此缸筒内孔无须精加工,工艺性好,成本低. 单一的柱塞缸只能制成单作用缸,如果要获得双向运动,可采用图 3-8(b)所示的复合式柱塞缸结构,即将两柱塞液压缸成对使用,每个柱塞缸控制一个方向的运动参数. 柱塞缸的柱塞端面是受压面,其面积大小决定了柱塞缸的输出速度和推力. 为保证柱塞缸有足够的推力和稳定性,一般柱塞较粗,质量较大,水平安装时易产生单边磨损,故柱塞缸适宜于垂直安装使用. 为减小柱塞的质量,有时制成空心柱塞.

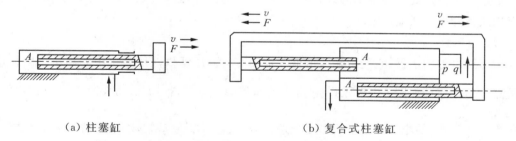

（a）柱塞缸　　　　　　　　　（b）复合式柱塞缸

图 3-8　柱塞式液压缸

当输入液压缸的流量为 q,压力为 p 时,柱塞上所产生的实际推力 F 和速度 v 为

$$F = pA = p\frac{\pi}{4}d^2 \tag{3-20}$$

$$v = \frac{q}{A} = \frac{4q}{\pi d^2} \tag{3-21}$$

式中,d——柱塞的直径.

3. 摆动液压缸

摆动液压缸也称摆动液压马达,主要用来驱动做间歇回转运动的工作机构,常用于工夹具夹紧装置、送料装置、转位装置及须周期性进给的系统中. 摆动缸有单叶片和双叶片两种结构,如图 3-9(a)所示为单叶片式摆动缸,其摆动角度一般小于 300°;如图 3-9(b)所示为双

叶片式摆动缸,其摆动角度小于150°.双叶片式摆动缸与单叶片式相比,摆动角度小,但在同样大小的结构尺寸下转矩增大一倍,且具有径向压力平衡的优点.

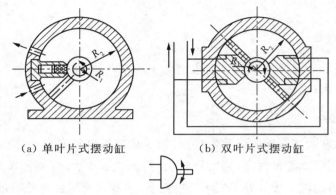

（a）单叶片式摆动缸　　　　（b）双叶片式摆动缸

图 3-9　摆动液压缸

单叶片式摆动缸输出的转矩 T 和角速度 ω 为

$$T=\frac{b}{2}(R_2^2-R_1^2)(p_1-p_2) \tag{3-22}$$

$$\omega=\frac{2q}{b(R_2^2-R_1^2)} \tag{3-23}$$

式中,b——叶片宽度.

4. 组合式液压缸

上述为液压缸的三种基本形式,为了满足特定的需要,还可以在这三种基本液压缸的基础上构成各种组合式液压缸.

（1）增压缸.

增压缸也称增压器,它能将输入的低压油转变为高压油供液压系统中的高压支路使用.增压缸的工作原理如图 3-10 所示,它由有效作用面积为 $A_1\left(\frac{\pi}{4}D^2\right)$ 的大液压缸和有效作用面积为 $A_2\left(\frac{\pi}{4}d^2\right)$ 的小液压缸在机械上串联而成.大缸作为原动缸,输入压力为 p_1;小缸作为输出缸,输出压力为 p_2.须注意的是,这种缸不能直接带负载,严格意义上不属于执行元件.

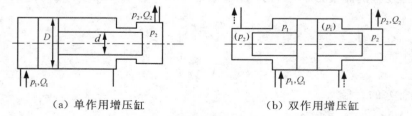

（a）单作用增压缸　　　　（b）双作用增压缸

图 3-10　增压缸的工作原理图

若不计摩擦力,根据力平衡关系,可有如下等式:

$$A_1\times p_1=A_2\times p_2 \tag{3-24}$$

或

$$p_2 = \frac{A_1}{A_2} p_1 \qquad\qquad (3-25)$$

比值 $\frac{A_1}{A_2}$ 称为增压比,由于 $\frac{A_1}{A_2} > 1$,输出压力 p_2 被放大,从而起到增压的作用.

（2）伸缩缸.

伸缩缸具有二级或多级活塞,如图 3-11 所示.前一级缸的活塞就是后一级缸的缸套,活塞伸出的顺序是从大到小,相应的推力也是从大到小,而伸出的速度则是由慢变快.空载缩回的顺序一般是从小活塞到大活塞,收缩后液压缸总长度较短,占用空间较小,结构紧凑.多级伸缩缸适用于工程机械和其他行走机械,如起重机伸缩臂、车辆自卸装置等.

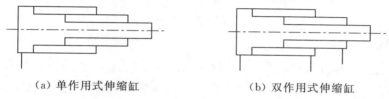

（a）单作用式伸缩缸　　　　　　（b）双作用式伸缩缸

图 3-11　伸缩缸

（3）齿条活塞缸.

齿条活塞缸由两个活塞缸和一套齿轮齿条传动装置组成,如图 3-12 所示.活塞的水平移动经齿轮齿条传动装置转变为齿轮的旋转运动,用于实现工作部件的往复摆动或间歇进给运动.

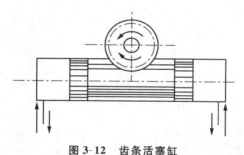

图 3-12　齿条活塞缸

第三节　液压缸的结构

如图 3-13 所示为单杆活塞缸,单杆活塞缸由缸体组件(缸体、端盖等)、活塞组件(活塞、活塞杆等)、密封件和连接件等基本部分组成.此外,一般液压缸还设有缓冲装置和排气装置.选用液压缸时,首先应考虑活塞杆的长度(由行程决定),再根据回路的最高压力选用适合的液压缸.

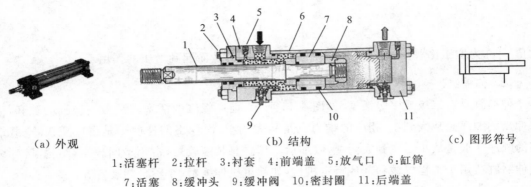

　（a）外观　　　　　　　　　（b）结构　　　　　　　（c）图形符号

1：活塞杆　2：拉杆　3：衬套　4：前端盖　5：放气口　6：缸筒
7：活塞　8：缓冲头　9：缓冲阀　10：密封圈　11：后端盖

图 3-13　单杆活塞缸

1. 缸体组件

缸体组件与活塞组件形成的密封容腔承受油压作用,因此,缸体组件要有足够的强度、较高的表面精度和可靠的密封性.通常缸筒和端盖由钢材制成,缸筒内表面要经过精细加工,要求表面粗糙度 $R_a < 0.08\text{nm}$,使活塞及其密封件、支撑件能顺利滑动,从而保证密封效果,较少磨损.端盖有前端盖和后端盖之分,它们分别安装在缸筒的前后两端,设计时既要考虑强度,又要选择工艺性较好的结构形式;盖板和缸筒的连接方式有法兰式、半环式、螺纹式、拉杆式及焊接式等,如图 3-14 所示.

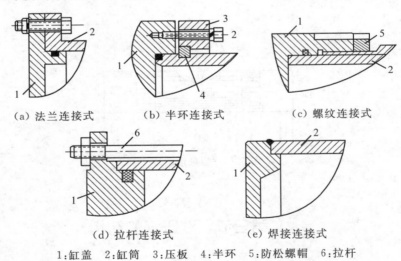

　（a）法兰连接式　　　　（b）半环连接式　　　　　（c）螺纹连接式

　　（d）拉杆连接式　　　　　（e）焊接连接式

1：缸盖　2：缸筒　3：压板　4：半环　5：防松螺帽　6：拉杆

图 3-14　缸体组件的连接形式

2. 活塞组件

活塞组件由活塞、活塞杆和连接件等组成.随液压缸的工作压力、安装方式和工作条件的不同,活塞组件有多种结构形式.可以把短行程的液压缸的活塞杆与活塞做成一体,这是最简单的形式.但当行程较长时,这种整体式活塞组件的加工较费事,所以常把活塞与活塞杆分开制造,然后再连接成一体.常见活塞与活塞杆的连接形式有螺纹式和半环式,螺纹式连接[图 3-15(a)、(c)]结构简单,装拆方便,但须备有螺母防松装置;半环式连接[图 3-15(b)]强度高,但结构复杂,装拆不便.

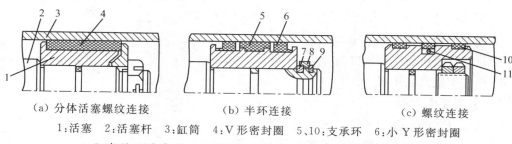

（a）分体活塞螺纹连接　　　（b）半环连接　　　（c）螺纹连接

1:活塞　2:活塞杆　3:缸筒　4:V形密封圈　5、10:支承环　6:小Y形密封圈

7:半环(两个半环)　8:套环　9:弹簧卡券　11:组合密封圈螺母

图3-15　常见的活塞组件结构形式

3. 密封装置

密封装置主要用来防止液压油的泄漏,良好的密封是液压缸传递动力、正常动作的保证.一般要求密封装置应具有良好的密封性、尽可能长的寿命,且制造简单、拆装方便、成本低.液压缸的密封主要是指活塞、活塞杆处的动密封和端盖处的静密封.液压系统中应用最广泛的一种密封是密封圈密封,密封圈有O形、V形、U形、X形及组合式等多种类型.

4. 缓冲装置

为了防止活塞在行程的终点与前后端盖发生碰撞,引起噪音,影响工件精度或使液压缸损坏,常在液压缸前后端盖上设有缓冲装置,以使活塞移到快接近行程终点时速度减慢下来直至停止.如图3-13(b)所示前后端盖上的缓冲阀是附有单向阀的结构.当活塞接近端盖时,缓冲环插入端盖板,即液压油的出入口,强迫液压油经缓冲阀的孔口流出,促使活塞的速度缓慢下来.相反,当活塞从行程的尽头将离去时,如液压油只作用在缓冲环上,活塞要移动的那一瞬间将非常不稳定,甚至无足够力量推动活塞,故必须使液压油经缓冲阀内的单向阀作用在活塞上,如此才能使活塞平稳地前进.

5. 排气装置

液压系统在安装过程中或停止工作一段时间后,空气将侵入液压系统内,缸筒内如存留空气,将使液压缸在低速时产生爬行、颤抖等现象,换向时易引起冲击,因此在液压缸结构上要能及时排除缸内留存的气体.一般双作用式液压缸不设专门的放气孔,而是将液压油出入口布置在前、后盖板的最高处.大型双作用式液压缸则必须在前、后端盖板设放气栓塞.对于单作用式液压缸,液压油出入口一般设在缸筒底部,放气栓塞一般设在缸筒的最高处.

 思考与练习

一、填空题

1. 液压缸根据结构特点,可分为＿＿＿＿＿、＿＿＿＿＿和＿＿＿＿＿三种.

2. 实心双杆液压缸比空心双杆液压缸占地面积_____.

3. 在液压缸中,为了减少活塞在终端的冲击,应采取_____装置.

4. 伸缩缸的活塞伸出顺序是_____.

5. 排气装置应设在液压缸的_____位置.

6. 单柱塞缸只能实现_____方向运动.

二、判断题

1. 液压马达的实际输入流量大于理论流量.   (   )

2. 单柱塞缸在液压油驱动下可实现两个方向的运动.   (   )

3. 液压系统中液压缸连接方式有两种:差动连接和非差动连接.   (   )

4. 当液压缸的活塞杆固定时,左腔通压力油时,液压缸向左运动.   (   )

5. 液压缸差动连接时,产生的推力比非差动连接产生的推力大.   (   )

三、简答题

1. 差动连接应用在什么场合?

2. 单杆活塞缸和双杆活塞缸在相同流量相同压力的液压油驱动下,两个方向的推力和速度各有什么特点?

3. 液压缸为何要进行排气?

4. 液压缸的哪些部位须密封?

四、计算题

1. 已知单活塞杆液压缸的内径 $D=100$mm,活塞杆直径 $d=50$mm,工作压力 $p=2$MPa,流量 $q=10$L/min,回油背压力 $p_2=0.5$MPa.试求:

(1) 液压缸正常连接时,活塞往返运动时的推力和运动速度.

(2) 液压缸差动连接时的推力和运动速度.

2. 某柱塞式液压缸的柱塞直径 $d=110$mm,缸体内径为 125mm,工作压力 $p=5$MPa,输入流量 $q=25$L/min.求柱塞运动时的推力和运动速度.

3. 现有一双杆活塞缸的液压缸内径为 0.1m,活塞杆直径为 0.05m,进入液压缸的流量为 25L/min.求活塞的运动速度.

4. 如图 3-16 所示,两个结构相同的液压缸串联,无杆腔有效面积 $A_1=100$cm²,有杆腔有效面积 $A_2=80$cm²,缸 1 的输入压力 $p_1=9×10^6$Pa,输入流量 $q_1=12$L/min.求:

(1) 缸 2 的输入压力是缸 1 的一半($p_2=\frac{1}{2}p_1$)时,两缸各能承受的负载.

(2) 缸 1 承受负载为 0 时,缸 2 能承受的负载.

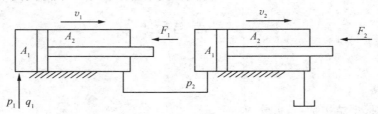

图 3-16 题 4 图

第四章　液压辅助元件

液压辅助元件是组成液压系统必不可少的一部分,主要包括密封件、过滤器、油箱、蓄能器、冷却器、加热器、压力计、液压管路及接头等.它们在液压系统中数量最多、分布极广、影响很大,如果处理不当,会严重影响整个液压系统的工作性能,甚至使液压系统无法正常工作.因此,必须给予所有辅助元件足够的重视.

第一节　液压管路及接头

液压系统的元件一般依靠管路和管接头进行连接,以传送工作液.管路与管接头应具有足够的强度、良好的密封性,并且压力损失小,装拆方便.如果管路设计或安装不当,可能导致振动、噪声、泄漏和发热等不良现象,使系统不能正常工作.

一、管路

1. 管路的种类

管路按其在液压系统中的作用可分为以下几种.

（1）主管路.

包括吸油管路、压油管路和回油管路,用来实现压力能的传递.

（2）控制管路.

用来实现液压元件的控制或调节以及与检测仪表连接的管路.

（3）泄油管路.

将液压元件泄漏的油液导入回油管或油箱的管路.

（4）旁通管路.

将通入压油管路的部分或全部压力油直接引回油箱的管路.

2. 管路的材料及适用场合

液压传动中常用的油管有钢管、铜管、橡胶软管、尼龙管和塑料管等.

（1）钢管.

钢管分为有缝钢管和无缝钢管.有缝钢管即焊接钢管,价格便宜,最大工作压力不大于

2.5MPa,主油路的吸油管和回油管可用.无缝钢管耐压高,变形小,耐油,抗腐蚀,虽然装配时不易弯曲,但装配后能长期保持圆形,因此广泛用于中高压系统中.无缝钢管有冷拔和热轧两种,液压系统的压油管路一般采用 10 号或 15 号冷拔无缝钢管,这种钢管的尺寸准确,质地均匀,强度高,可焊性好.对须防腐蚀、防锈的场合,可选用不锈钢管;超高压系统可选用合金钢管.钢管的优点是能承受高压,油液不易氧化,价格低廉;缺点是弯曲和装配均较困难.因此,钢管多用于装配部位限制少、装配位置定型以及大功率的液压传动装置.

(2) 铜管.

纯铜管容易弯曲,安装方便,管壁光滑,摩擦阻力小,但耐压力低,抗震能力差,一般在压力低于 5MPa 时使用.紫铜管可承受压力为 6.5～10MPa,装配时它可根据需要弯成任意形状,因而适用于小型设备及内部装配不方便的地方.由于铜与油接触易使油氧化,且铜管价格贵,故应尽量不用铜管.

(3) 橡胶软管.

橡胶软管常用于连接两个相对运动部件的油管,分高压软管和低压软管两种.高压软管是以一层或多层钢丝纺织层或钢丝缠绕层为骨架的耐油橡胶管,可用于压力油路,层次越多,承受的压力越高,其最高工作压力可达 42MPa.低压软管是以麻线或棉线纺织层为骨架的耐油橡胶管,多用于压力较低的回油路或气动管路,其工作压力一般在 10MPa 以下.橡胶软管安装方便,能吸收液压系统的冲击和振动;缺点是制造困难,成本高,寿命短,刚性差.

(4) 尼龙管.

尼龙管为乳白色半透明的新型油管,目前其耐压值可达 8MPa,多用于低压系统或作为回油管.尼龙管可塑性大,有软管和硬管两种,其硬管加热后可随意弯曲和扩口,使用比较方便,价格也比较便宜,很有发展前景.

(5) 塑料管.

塑料管价格便宜,装配方便,但耐压能力低,一般不超过 0.5MPa,多用作回油管或泄漏油管.

3. 管路内径和壁厚的确定

(1) 内径.

管路内径应与要求的通流能力相匹配.管径太小,会增大流速,这不仅会使损失增大,系统效率降低,还可能产生振动和噪声;管径过大,则难于弯曲安装,且会使系统结构庞大.所以必须合理选择管径,管路内径 d 可根据通过的最大流量 q 和允许的速度 v 进行计算,即

$$d = \sqrt{\frac{4q}{\pi v}} \tag{4-1}$$

允许流速 v 可参考下列数据选取:

① 压力管路.压力 $p \leqslant 2.5$MPa 时,取 $v = 3$m/s;当 p 为 2.5～10MPa 时,v 取 3～5m/s;当 $p > 10$MPa 时,v 取 5～7m/s.

② 回油管路.v 取 2～5m/s.

③ 吸油管路.v 取 0.5～1.5m/s.

对于矿物油,取较小的流速;对于黏度较小的难燃液或水,可取较大流速;对于橡胶软管,允许的最大流速 $v=5\mathrm{m/s}$.

（2）金属管路的壁厚.

计算出油管内径后,再根据工作压力和管材标准选取标准管径和壁厚,壁厚 δ 依据下面的式子计算:

$$\delta \geqslant \frac{pd}{2[\sigma]} \tag{4-2}$$

式中, p——油管内液体的最大压力(MPa);

　　d——油管内径(mm);

　　$[\sigma]$——许用应力(MPa).

4. 管路的安装要求

（1）管路应尽量短,横平竖直,转弯少.为避免管路皱折,减少压力损失,硬管装配时的弯曲半径要足够大(见表 4-1)、管路悬伸较长时,要适当设置管夹(也是标准件).

表 4-1　硬管装配时允许的弯曲半径

管子外径 D/mm	10	14	18	22	28	34	42	50	63
弯曲半径 R/mm	50	70	75	80	90	100	130	150	190

（2）管路尽量避免交叉,平行管间距要大于 10mm,以防止接触振动并便于安装管接头.

（3）软管直线安装时要有 30% 左右的余量,以适应油温变化、受拉和振动的需要.弯曲半径要大于软管外径的 9 倍,弯曲处到管接头的距离至少等于外径的 6 倍.

二、管接头

在液压系统中,对于油管与元件或油管之间的连接,除外径大于 50mm 的金属管一般用法兰连接外,小直径的油管普遍采用管接头进行连接.管接头的形式和质量直接影响油路阻力和连接强度,且其密封性能是影响系统外泄漏程度的主要因素.对管接头的主要要求是安装、拆卸方便,抗振动,密封性能好.

管接头的种类很多,以其通路数量和方向来分有直通式接头、直角式接头和三通等;按照油管与管接头的连接方式来分,用于硬管连接的主要有卡套式接头、扩口式接头、焊接式接头等,用于软管连接的主要是软管接头,当被连接件之间存在旋转或摆动时可选中心回转接头或活动铰接式管接头.

管接头的具体规格品种可查阅相关手册.液压系统中油管与管接头的常见连接方式如表 4-2 所示.

表 4-2　液压系统中常用的管接头

名称	结构简图	特点说明
焊接式管接头		(1) 连接牢固,利用球面进行密封,简单可靠,耐高压 (2) 安装时焊接工艺必须保证质量,工作量大,装拆不便
卡套式管接头		(1) 不需要密封件,用卡套卡住油管进行密封,轴向尺寸要求不严,耐高压、振动和压力冲击,且装拆简便 (2) 卡套制造工艺要求较高,对被连接的油管的精度要求也高,为此要采用冷拔无缝钢管
扩口式管接头		(1) 利用油管管端的扩口在管套的压紧下进行密封,结构简单,连接强度可靠,装配维护方便 (2) 适用于铝管、铜管、壁厚小于 2mm 的薄壁钢管、尼龙管和塑料管等中低压管路的连接
软管接头		(1) 有可拆式和扣压式两种 (2) 工作压力随管径不同而异,一般软管与接头集成供应
快换接头		无须使用任何工具就能实现迅速装上或卸下的管接头,适用于须经常拆装的液压管路
活动铰接式管接头		(1) 用于液流方向成直角的连接,可以随意调整布管方向,安装方便,占用空间小 (2) 按安装后成直角的两油管是否可以相对摆动,分为固定式和活动式两种

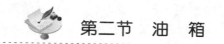

第二节 油 箱

一、功用和结构

油箱的主要功用是储存油液,此外还起着散发系统工作中产生的热量、逸出混在油液中的空气、沉淀污染物及杂质等作用.

液压系统中的油箱有整体式和分离式两种.整体式油箱利用机器设备的内腔作为油箱(如压铸机、注塑机等),结构紧凑,各处漏油易于回收,但增加了设计和制造的复杂性,维修不便,散热条件不好,且会使设备产生热变形.分离式油箱单独设置一个油箱,与主机分开,减少了油箱发热和液压源振动对主机工作精度的影响,因此得到了普遍应用,特别是在精密机械上.此外按油面是否与大气相通,油箱又可分为开式油箱与闭式油箱.开式油箱广泛用于一般的液压系统;闭式油箱则用于水下和高空无稳定气压的场合.

开式油箱的结构示意图如图4-1所示.油箱内部用隔板7、9将吸油管1与回油管4隔开.顶部、侧部和底部分别装有滤油网2、油位计6和排放污油的放油阀8.液压泵及其驱动电机的上盖5则固定在油箱顶面上.

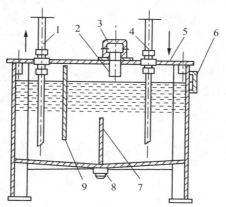

1:吸油管 2:滤油网 3:盖 4:回油管 5:上盖 6:油位计 7、9:隔板 8:放油阀

图 4-1 形式油箱结构示意图

闭式油箱在结构上要求严密封闭,与外部大气不相通,管内通入压缩空气,所以它又被称为充压油箱.使用这种油箱时,泵的进口压力为正值,这样可以提高泵的吸油性能,防止产生空穴现象,但须附设专用的气源装置,因此其使用不够普遍.

二、设计时的注意事项

在进行油箱的结构设计时应注意以下几个问题:

1. 使油箱有足够的刚度和强度

油箱一般用 2.5～4mm 的钢板焊接而成,尺寸高大的油箱要加焊角板、强肋以加强刚度.油箱上盖板若安装电动机传动装置、液压泵和其他液压元件时,盖板不仅要适当加厚,还要采取局部加强措施.液压泵和电动机直立安装时,振动一般会比水平安装好些,但散热较差.

2. 使油箱有足够的有效容积

油箱的有效容积(油面高度为油箱高度 80％时的容积)一般按液压泵的额定流量进行估计,低压系统油箱有效容积为液压泵每分钟排油量的 2～4 倍,中压系统为 5～7 倍,高压系统为 10～12 倍,行走机械的液压系统则为 1.5～2 倍.但对于负载较大、长期连续工作的液压系统,应根据系统发热、散热平衡的原则来计算.

3. 吸油管和回油管应尽量相距远些

吸油管和回油管之间要用隔板隔开,以增加油液循环距离,使油液有足够的时间分离气泡、沉淀杂质.隔板高度最好为箱内油面高度的 3/4.吸油管入口处要装粗过滤器,过滤器和回油管管端在油面最低时应没入油中,防止吸油时吸入空气和回油时回油冲入油箱时搅动油面而混入空气.

4. 防止油液污染

为了防止油液污染,油箱上各盖板、管口处都要妥善密封.注油器上要加过滤网.防止油箱出现负压而设置的通气孔上须装空气过滤器.

5. 进行油温控制

油箱正常工作的温度应在 15～65℃之间,在环境温度变化较大的场合要安装热交换器,但必须考虑它的安装位置以及测温、控制等措施.

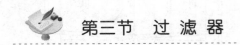

第三节 过 滤 器

一、过滤器的功用和性能要求

1. 过滤器的功用

液压系统的液压油在使用过程中不断被污染.统计资料表明,液压系统的故障约有 80％以上是由于油液污染造成的.当液压油中存在杂质时,这些杂质会引起相对运动零件的表面划伤、磨损,甚至发生卡死,有时还会堵塞节流小孔.为了保证系统正常的工作寿命,必须对系统中污染物的颗粒大小及数量予以控制.系统中过滤器的功用就在于不断净化油液,将其污染程度控制在允许范围内.如图 4-2 所示为过滤器的图形符号.

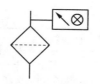

　　（a）一般符号　　　　（b）带磁性过滤器　　　（c）带光学阻塞指示器过滤器

图 4-2　过滤器的图形符号

　　2. 过滤器的性能要求

　　（1）过滤精度.

　　过滤精度是指通过滤芯的最大坚硬球状颗粒的尺寸（d），它反映了过滤材料中最大通孔尺寸，以 μm 为单位，可以用试验的方法进行测定. 过滤精度一般分为四个等级：粗（$d>100\mu m$）、普通（$d \geqslant 10 \sim 100\mu m$）、精（$d \geqslant 5 \sim 10\mu m$）、特精（$d \geqslant 1 \sim 5\mu m$）. 要求系统过滤精度小于运动副间隙的一半. 此外，压力越高，对过滤精度要求也越高，其推荐值见表 4-3.

表 4-3　过滤精度推荐值表

系统类别	润滑系统	传动系统			伺服系统
工作压力/MPa	0～2.5	≤14	14<p≤21	>21	21
过滤精度/μm	100	25～50	25	10	5

　　（2）压降特性.

　　液压回路中的过滤器会对油液流动产生一种阻力，因而油液通过滤芯时必然要出现压力降. 一般来说，在滤芯尺寸和流量一定的情况下，滤芯的过滤精度越高，压力降越大；在流量一定的情况下，滤芯的有效过滤面积越大，压力降越小；油液的黏度越大，流经滤芯的压力降也越大.

　　滤芯所允许的最大压力降，应以不致使滤芯元件发生结构性破坏为原则. 在高压系统中，滤芯在稳定状态下工作时承受到的仅仅是它那里的压力降，这就是为什么纸质滤芯也能在高压系统中使用的道理. 油液流经滤芯时的压力降，大部分是通过试验或经验公式来确定的.

　　（3）纳垢容量.

　　纳垢容量是指滤油器在压力降达到其规定限值之前可以滤除并容纳的污染物数量，这项性能指标可以用多次通过性试验来确定. 滤油器的纳垢容量越大，使用寿命越长，所以它是反映滤油器寿命的重要指标. 一般来说，滤芯尺寸越大，即过滤面积越大，纳垢容量就越大. 增大过滤面积，可以使纳垢容量至少成比例地增加.

二、过滤器的类型

　　过滤器按过滤精度可分为粗过滤器和精过滤器两种；按滤芯的材料和结构可分为网式、线隙式、磁性、烧结式和纸质等类型；按过滤方式可分为表面型、深度型和中间型；按安装的位置不同，还可以分为吸滤器、压滤器和回油过滤器. 各种过滤器的性能如表 4-4 所示.

表 4-4　各种过滤器的性能

类型	过滤精度	压力降/(10^5 Pa)	特点	用途
网式	网孔孔径为 0.8～1.3mm,过滤后正常颗粒半主径为 0.13～0.4mm	<0.5	结构简单,通油能力大,过滤精度差	装在泵的吸油管路上,保护泵
线隙式	线隙为 0.1mm,过滤后正常颗粒半主径为 0.02mm	<0.3～0.6	结构简单,过滤效果好,通油能力大,但不易清洗	装在液压泵吸油管路上或中、低压系统的压力管路上
磁性	—	—	属于专用过滤器	用于清除铁屑等铁磁性杂质
纸质	纸的孔径为 0.03～0.07mm,过滤精度可达 0.005～0.03mm	0.1～0.4	过滤精度高,但易堵塞,无法清洗,须换滤芯	用于精过滤,最好与其他过滤器联合使用
烧结式	0.01～0.1mm	<1～2	能在温度高、压力较大的场合工作,抗腐蚀性强,制造简单,性能稳定,易堵塞,清洗困难.若有颗粒脱落将会影响过滤精度	可用于不同等级的精密过滤

三、过滤器的选用和安装

根据液压系统的设计技术要求,按过滤精度、通油能力(流量)、工作压力、油液的黏度和工作温度等来选择不同类型的过滤器及其型号.过滤器在液压系统中通常有以下五种安装位置,如图 4-3 所示.

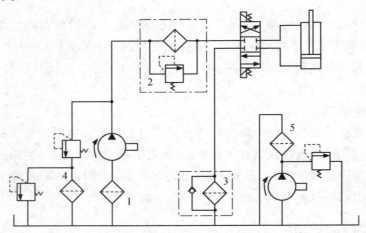

图 4-3　过滤器的安装位置

1. 安装在液压泵吸油管路上

图 4-3 中的过滤器 1 位于液压泵吸油管路上,用以避免较大颗粒的杂质进入液压泵,从而起到保护泵的作用.这种安装方式要求过滤器有较大的通油能力(大于液压泵流量的两

倍)和较小的阻力(不得超过 0.02MPa),否则将造成泵的吸油不畅,严重时会出现空穴现象和强烈的噪声.该用途的过滤器一般采用过滤精度较低的网式过滤器.

2. 安装在压力油路上(泵的出口油路)

图 4-3 中的过滤器 2 位于压力油路上,其目的是滤除可能侵入阀类等元件的污染物.由于它在高压下工作,所以对其提出了几点要求:一是过滤器外壳要有足够的耐压性能,二是压力降不超过 0.35MPa,三是应将过滤器安装在压力管路中溢流阀的下游或者与一安全阀并联,以防止过滤器堵塞时液压泵过载.

3. 安装在回油路上

图 4-3 中的过滤器 3 位于回油路上,它使油液在流回油箱前先经过过滤,从而使油箱中的油液得到净化,或者使其污染程度得到控制.由于回油压力低,故可用强度较低、刚度较小、体积和质量也较小的过滤器.其压力降对系统影响不大,一般都会并联一个单向阀,起旁通作用.

4. 安装在旁油路上

图 4-3 中的过滤器 4 安装在溢流阀的回油路上,并与一安全阀并联.由于过滤器只通过泵的部分流量,所以过滤器的尺寸可减小.此外,它也能起到清除油液杂质的作用.

5. 独立的过滤系统

见图 4-3 中的过滤器 5,它是由过滤器和泵组成的一个独立于液压系统之外的过滤回路,其作用也是不断净化系统中的油液.在这种情况下,通过过滤器的流量是稳定不变的,这更有利于控制系统中油液的污染程度.该系统增加设备(泵)后适用于大型机械的液压系统.

此外,过滤器安装还应注意,一般过滤器只能单向使用,即进出油口不能互换,以利于滤芯清洗和安全.因此,过滤器不要安装在液流方向可能变换的油路上.必要时油路要增设单向阀和过滤器,以保证双向过滤.当然,目前已有双向过滤器问世.

第四节 蓄能器

蓄能器是液压系统中用以储存压力能的能量存贮装置.它在适当的时候把系统多余的压力油贮存起来,在需要时又释放出来供给系统,此外还能缓和液压冲击及吸收压力脉动等.

一、蓄能器的类型

蓄能器根据蓄能方式的不同,主要有重锤式、弹簧式和充气式三种,如图 4-4 所示.

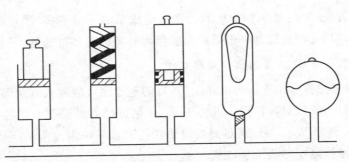

(a) 重锤式　(b) 弹簧式　(c) 活塞式　(d) 气囊式　(e) 薄膜式

图 4-4　蓄能器的结构形式

重锤式和弹簧式蓄能器在应用上都有一定的局限性,因此目前很少使用.目前大量使用的是充气式蓄能器.

充气式蓄能器使用时,首先向蓄能器充入预定压力的气体(一般为氮气),当系统压力超过蓄能器内部压力时,油液压缩气体,将油液的压力能转化为气体的内能;当系统压力低于蓄能器内部压力时,蓄能器中的油液在高压气体作用下流向系统,释放能量.充气式蓄能器按结构不同,可分为直接接触式和隔离式两类;隔离式又分为活塞式、气囊式和薄膜式等.

二、蓄能器的功用

蓄能器在液压系统中的主要功用如下所述.

1. 作为辅助动力源

对于间歇运行的液压系统,或在一个工作循环中速度差别很大的系统,系统对液压泵供油量的要求差别很大.可以在这样的液压系统中设置蓄能器作为辅助动力源,当需要供油量小时,蓄能器进行蓄能;当系统需要大量油液时,蓄能器快速释放储存的油液,与液压泵一起向系统供油.这样可以按照系统循环周期内的平均流量来选液压泵,而不必按最大流量来选择.

2. 系统保压

某些液压执行元件在工作中要求在一定工作压力下长时间保持不动(如夹紧),这时系统需要油液补偿泄漏才能保持恒压,但启动液压泵是不经济的,采用蓄能器不仅可以节约能耗,还能降低油液温升.

3. 作为应急能源

突然停电或设备故障时,液压泵会中断供油,蓄能器能提供一定的压力油作为应急能源.

4. 吸收压力脉动

液压泵的流量脉动会导致系统的压力脉动,以致影响执行元件的运动平稳性.为了减轻或消除压力脉动的影响,通常在不变更原设备液压元件的情况下,在液压泵附近设置蓄能器,在一个脉动周期内,高于平均流量的部分被蓄能器吸收,低于平均流量的部分由蓄能器供给.

5. 缓和液压冲击

液压泵突然启动或停止、液压阀突然换向或开启、执行元件突然停止运动或紧急制动等,都会使得油液速度或方向急剧变化,产生液压冲击,其值可高达压力的几倍以上,这时溢流阀或安全阀来不及动作,往往造成系统强烈振动,仪表、元件等损坏,甚至导致管道破裂.在这种情况下可在控制阀或冲击源前安装蓄能器,这样可吸收或缓和液压冲击力.

三、蓄能器的安装及使用

1. 蓄能器的选择

蓄能器的选择应考虑工作压力及耐压、公称容积及允许的吸(排)流量或气体腔容积、允许使用的工作介质及介质温度等因素,还应考虑蓄能器的质量、所占用的空间、价格、品质、使用寿命、安装维修的方便性及生产厂家的货源情况等.

蓄能器属于压力容器,必须有生产许可证才能生产,所以一般不要自行设计、制造蓄能器,而应选择专业生产厂家的定型产品.

2. 蓄能器的安装

蓄能器应安装在便于检查、维修的位置,并远离热源.用于吸收脉动和液压冲击的蓄能器,应尽可能靠近振动源.蓄能器的铭牌应置于醒目的位置,且必须将蓄能器牢固地固定在托架或地基上,防止蓄能器从固定部位脱开而发生飞起伤人事故.非隔离式蓄能器及囊隔式蓄能器应油口向下、充气阀向上竖直安放.蓄能器与液压泵之间应装设单向阀,防止液压泵卸荷或停止工作时蓄能器中的压力油倒灌.蓄能器与系统之间应装设截止阀,供充气、检查、维修蓄能器时或长时间停机时使用.

3. 蓄能器的使用

不能在蓄能器上进行焊接或机械加工,绝对禁止充氧气,以免发生爆炸.搬运和拆装蓄能器时,应先排除内部的气体.非隔离式蓄能器不能放空油液,以免气体进入管道中;使用压力不宜过高,防止过多气体溶入油中.气囊式蓄能器用于短期大量供油时,最高压力一般不要超过最低压力的三倍,否则迅速压缩时气体温升很高,会导致皮囊严重变形.

第五节　压力计与压力开关

一、压力计

液压系统各工作点的压力可以通过压力计来观测,以达到调整和控制的目的.压力计的种类较多,最常见的是弹簧弯管式压力计,其工作原理如图 4-5 所示.压力油进入金属弯管 1 时,弯管受到油液压力而发生变形,使得弯管曲率半径加大,通过杠杆 4 使扇形齿轮 5 摆动,扇形齿轮与小齿轮 6 啮合,小齿轮带动指针 2 转动,在刻度盘 3 上就可读出压力值.

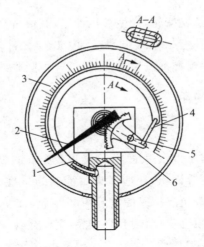

1:金属弯管　2:指针　3:刻度盘　4:杠杆　5:扇形齿轮　6:小齿轮

图 4-5　弹簧弯管式压力计的工作原理图

压力计精度等级的数值是压力计最大误差占量程（压力计的测量范围）的百分数. 一般机床上的压力计用 2.5～4 级精度即可. 选用压力计时，一般取系统压力为量程的 2/3～3/4，（系统最高压力不应超过压力计量程的 3/4），压力计必须直立安装. 为了防止压力冲击而损坏压力计，常在压力计的通道上设置阻尼小孔.

二、压力计开关

压力油路与压力计之间往往装有一压力计开关，用来接通或切断压力计和测量点的通道. 压力计开关按它所能测量点的数目不同可分为一点、三点、六点几种；按连接方式不同，可分为板式和管式两种.

如图 4-6 所示为板式连接的 K-6B 型压力计开关的结构原理图. 图示位置为非测量位置，此时压力计经油槽 a、小孔 b 与油箱相通. 如将手柄推进去，则阀芯上的沟槽 a 一方面使压力计与测量点接通，另一方面又隔断了压力计与油箱的通道，这样就可测出一个点的压力. 若将手柄转到另一个位置，便可测出另一点的压力. 压力计的过油通道很小，可防止指针剧烈摆动. 在液压系统正常工作后，应切断压力计与系统油路的通道.

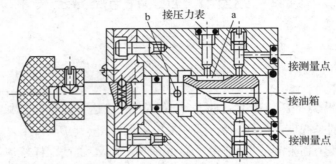

图 4-6　压力计开关的结构原理图

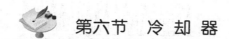

第六节　冷　却　器

液压系统中的功率损失几乎全部转变为热量,造成液压油升温.为了控制液压油的温度,一方面要采用高效元件,合理进行系统设计,尽量减少液压系统的功率损耗;另一方面要采取措施散发系统中产生的热量.通过油箱散热是途径之一,如果油箱散热效果不佳就必须在液压系统中设置冷却器.

液压系统中采用的冷却器主要有水冷式、风冷式和冷媒式三种.固定设备使用水冷式冷却器的较多;行走设备及车辆多采用风冷式冷却器;在温度控制精度要求较高的液压设备上,可使用冷媒式冷却器.这里主要介绍几种水冷式冷却器.

液压系统采用的水冷式冷却器中,最简单的是蛇形管冷却器,如图 4-7 所示,它直接装在油箱内,冷却水从蛇形管内部通过,带走油液中的热量.这种冷却器结构简单,但冷却效率低,耗水量大.

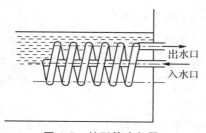

图 4-7　蛇形管冷却器

液压系统中用得较多的水冷式冷却器是强制对流多管式冷却器,如图 4-8 所示.油液从进油口 7 流入,从出油口 3 流出;冷却水从进水口 6 流入,通过多根水管后由出水口 1 流出.油液在水管外部流动时,它的行进路线因冷却器内设置了隔板 4 而加长,因而增加了热交换效果.还有一种翅片管式冷却器,水管外面增加了许多横向或纵向的散热翅片,大大扩大了散热面积和热交换效果.如图 4-9 所示为翅片管式冷却器的一种形式,它在圆管或椭圆管外嵌套上许多径向翅片,其散热面积可达光滑管的 8～10 倍.椭圆管的散热效果一般比圆管的好.

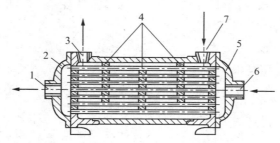

1:出水口　2、5:端盖　3:出油口　4:隔板　6:进水口　7:进油口

图 4-8　对流多管式冷却器

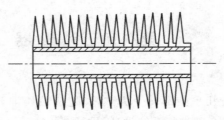

图 4-9 翅片管式冷却器

冷却器一般应安放在回油管或低压管路上,如溢流阀的出口、系统的主回流路上,或具单独的冷却系统.冷却器所造成的压力损失一般为 0.01~0.1MPa.

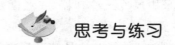

思考与练习

一、填空题

1. _____的功用是不断净化油液.

2. _____是用来储存压力能的装置.

3. 液压系统的元件一般用_____和_____进行连接.

4. 当液压系统的原动机发生故障时,_____可作为液压缸的应急油源.

5. 油箱的作用是_____、_____和_____.

6. 按滤芯材料和结构形式不同,过滤器有_____、_____、_____、_____及_____过滤器.

二、判断题

1. 过滤器的滤孔尺寸越大,精度越高. （　　）

2. 装在液压泵吸油口处的过滤器通常比装在压油口处的过滤器的过滤精度高. （　　）

3. 一个压力计可以通过压力计开关测量多处的压力. （　　）

三、选择题

1. 选择过滤器应主要根据(　　)来选择.

A. 通油能力　　　　B. 外形尺寸　　　　C. 滤芯的材料　　　　D. 滤芯的结构形式

2. (　　)管接头适用于高压场合.

A. 扩口式　　　　B. 焊接式　　　　C.卡套式

3. 蓄能器的主要功用是(　　).

A. 差动连接　　　　B. 短期大量供油　　C. 净化油液　　　　D. 使泵卸荷

4. (　　)接头适用于经常拆装的管路.

A. 软管　　　　B. 卡口　　　　C. 活动铰接式　　　　D. 快换

四、简答题

1. 液压管接头有哪几种类型?

2. 蓄能器的种类有哪些？何种蓄能器应用较广泛？

3. 过滤器有何作用？对它的一般要求是什么？

4. 试举例说明过滤器三种可能的安装位置.

5. 油管的种类有哪些？各有何特点？如何选用？

6. 在何种情况下要设置蓄能器？

第五章 液压控制阀

 第一节 阀的基本类型和要求

一、阀的基本类型

控制阀在液压系统中的作用是控制液流的压力、流量和方向,以满足执行元件在输出的力(力矩)、运动速度及运动方向上的不同要求.控制阀可按不同的特征进行分类,如表 5-1 所示.

表 5-1 控制阀的分类

分类方法	种类		详细分类
按功能分	压力控制阀		溢流阀、减压阀、顺序阀、比例压力控制阀、压力继电器等
	流量控制阀		节流阀、调速阀、分流阀、比例流量控制阀等
	方向控制阀		单向阀、液控单向阀、换向阀、比例方向控制阀等
按操纵方式分	人力操纵阀		手把及手轮、踏板、杠杆
	机械操纵阀		挡块、弹簧、液压、气动
	电动操纵阀		电磁铁控制、电-液联合控制
按连接方式分	管式连接		螺纹式连接、法兰式连接
	板式及叠加式连接		单层连接板式、双层连接板式、集成块连接、叠加阀
	插装式连接		螺纹式插装、法兰连接插装
按控制信号形式分	开关定值控制阀(普通液压阀)		采用手动、机动、电磁铁和控制压力油等控制方式定值控制液流的压力和流量,启闭通路或控制液流方向
	模拟量	伺服阀	根据输入信号(电气、机械、气动等)及反馈量,成比例地连续控制液流的压力、方向和流量
		比例阀	根据输入信号的大小,成比例、连续、远距离地控制液流的压力、方向和流量
	数字量	数字阀	根据输入的脉冲数或脉冲频率,控制液流的压力和流量,只能用于小流量控制场合,如电液控制的先导控制级

续表

分类方法	种类	详细分类
按阀芯结构 形式分	滑阀类	阀芯为圆柱形,通过阀芯在阀体孔内的滑动来改变液流通路开口的大小
	提升阀类	利用阀芯相对阀座孔的移动来改变液流通路开口的大小,有锥阀、球阀、平板阀等
	喷嘴挡板阀类	利用喷嘴和挡板之间的相对位移来改变液流通路开口的大小

二、基本要求

控制阀的性能对液压系统的工作性能有很大影响,因此液压控制阀应满足下列基本要求:

(1) 动作灵敏、准确、可靠,工作平稳,冲击和振动小.

(2) 油液流过时压力损失小,密封性能好,无外泄漏,内泄漏小.

(3) 结构紧凑,工艺性好,安装、调整、使用、维修方便,通用性好.

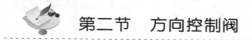

第二节　方向控制阀

方向控制阀简称方向阀,主要用来通断油路或切换油流的方向,以满足对执行元件的启、停和改变运动方向的要求.按其用途可分为单向阀和换向阀两大类.

一、单向阀

单向阀的作用是只允许液流朝一个方向流动,不能反向流动.有普通单向阀和液控单向阀两类.

1. 普通单向阀

普通单向阀简称单向阀,主要由阀体、阀芯、弹簧等零件组成,阀芯可以是球阀或锥阀.按进出口流道的布置形式,单向阀可分为直通式和直角式两种.如图 5-1 所示为管式连接的锥阀式直通单向阀和球阀式直通单向阀的结构及图形符号.压力油从阀体左端的通口 P_1 流入时,克服弹簧作用在阀芯上的力,使阀芯向右移动,打开阀口,从阀体右端的通口 P_2 流出.但是当压力油从阀体右端的通口 P_2 流入时,它和弹簧力一起使阀芯锥面压紧在阀座上,使阀口关闭,油液无法通过.

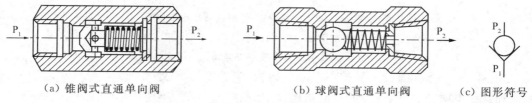

(a) 锥阀式直通单向阀　　　　(b) 球阀式直通单向阀　　　(c) 图形符号

图 5-1　直通单向阀

球阀式直通单向阀结构简单,但密封容易失效,且钢球没有导向部分,工作时容易产生振动和噪声,一般用于流量较小的场合.锥阀式应用最多,虽然结构较复杂,但其导向性和密封性较好,工作时比较平稳.

如图 5-2 所示为板式连接的直角式单向阀.压力油从通口 P_1 流入时,克服弹簧力推开阀芯后,直接经阀体的通口 P_2 流出,压力损失小,且只要打开端部螺塞即可对内部进行维修,十分方便.

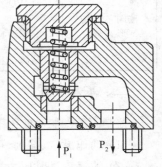

单向阀中的弹簧主要用来克服阀芯的摩擦阻力、重力和惯性力.为了使单向阀工作灵敏可靠,普通单向阀的弹簧刚度较小,以免油液流动时产生较大的压力降.一般单向阀的开启压力在 0.035～0.05MPa,通过额定流量时的压力损失应在 0.1～0.3MPa.若将单向阀中的弹簧换成较大刚度的弹簧,则阀的开启压力约为 0.2～0.6MPa,可将其置于回油路中作背压阀使用.

图 5-2　直角式单向阀

单向阀的主要用途有:

(1) 安装在液压泵出口,防止系统压力突然升高而损坏液压泵,同时防止系统中的油液在泵停机时倒流回油箱.

(2) 安装在回油路中作为背压阀.

(3) 与其他阀组合成单向控制阀,如单向调速阀、单向顺序阀等.

2. 液控单向阀

液控单向阀是可以用来实现逆向流动的单向阀,有不带卸荷阀芯的简式液控单向阀和带卸荷阀芯的卸载式液控单向阀两种结构形式,如图 5-3 所示.

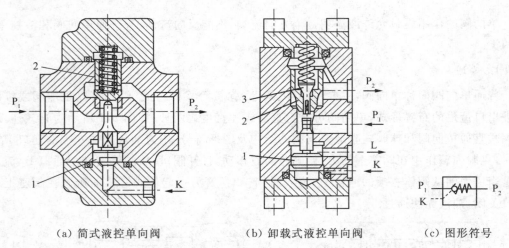

（a）简式液控单向阀　　　　（b）卸载式液控单向阀　　　（c）图形符号

1:控制活塞　2:单向阀芯　3:卸荷阀芯

图 5-3　液控单向阀

如图 5-3(a)所示是简式液控单向阀的结构.当控制口 K 处无压力油通入时,它的工作机制和普通单向阀一样,压力油只能从通口 P_1 流向通口 P_2,不能反向倒流.当控制口 K 有控制压力油时,在液压力的作用下,控制活塞 1 向上移动,顶开阀芯 2,使油口 P_1 和 P_2 接通,油液就可在两个方向自由通流. 在图示形式的液控单向阀中,K 处通入的控制油压力最小须为主油路压力的 30%～50%.

在高压系统中,为了降低控制油压力,在阀芯 2 中心增加了一个用于卸荷的阀芯 3,如图 5-3(b)所示,阀芯 2 开启之前,控制活塞 1 通过顶杆先顶起卸荷阀芯 3,并通过弹簧座压缩弹簧,这时阀芯 2 上部的油液通过卸荷阀芯上的缺口流入 P_1 腔而降压,上腔压力降低到一定值后,控制活塞 1 再将阀芯 2 顶起,使 P_2 和 P_1 完全相通. 采用这种带卸荷阀芯的液控单向阀,其最小控制油压力约为主油路的 5%.

液控单向阀的应用范围也很广,如利用液控单向阀的锁紧回路、防止自重下落回路、充液阀回路、旁通放油阀回路以及蓄能器供油回路等.

3. 单向阀的主要性能

单向阀的主要性能指标有以下三个:

(1)正向开启压力. 正向开启压力是指使阀芯刚开启时进油口的最小压力. 作为单向阀或背压阀使用时,开启压力有较大差别,国产阀的开启压力一般为 0.04MPa 和 0.4MPa.

(2)反向泄漏. 反向泄漏是指油液反向进入单向阀时,通过阀口的泄漏流量. 一个性能良好的单向阀应做到反向无泄漏或泄漏量极微小,尤其是用在保压系统时要求高.

(3)正向流动压力损失. 正向流动压力损失是指单向阀通过额定流量时所产生的压力降. 压力损失包括由于弹簧力、摩擦力等产生的开启压力损失和液流的流动损失. 此外,液控单向阀要求在反向流通时压力损失也要小.

二、换向阀

换向阀利用阀芯和阀体的相对运动来改变阀体上各主油口的通断关系,从而接通、关闭油路或变换油液通向执行元件的流动方向,使执行元件启动、停止或变换运动方向. 换向阀是液压系统中用量最大、品种和名称最复杂的一类阀. 对其主要性能要求有:油液流经换向阀时的压力损失小;互不相通的阀口间泄漏量小;换向可靠,换向时平稳迅速.

1. 换向阀的分类与工作原理

换向阀的类型很多,有多种分类方法.

(1)按阀芯结构特点分类.

按照阀芯结构和运动特点,换向阀可分为滑阀、转阀和锥阀.

① 滑阀. 阀芯为圆柱形,相对于阀体做轴向运动. 滑阀的液压轴向力和径向力比较容易实现平衡,因此换向时需要的操作力较小. 且滑阀容易实现多种机能,所以在换向阀中应用最广.

② 转阀. 阀芯相对于阀体做转动运动,其阀芯上的液压径向力不易平衡,且密封性较差,因此一般用于低压小流量的场合.

③ 锥阀. 阀芯为锥形,相对于阀座只有开启或闭合两种运动状态,因此只能实现油路的接通和切断,相当于一个开关. 若要实现较复杂的功能,必须采用多个阀组合. 锥阀密封性比

圆柱滑阀好,动作灵敏,但轴向液压力不能平衡,因此换向时需要的操纵力较大.

(2) 按工作位置和通口数分类.

按照换向阀阀芯的工作位置和控制的油路通口数,换向阀可分为二位二通、二位三通、二位四通、三位四通、三位五通等.

如图 5-4 所示为三位四通滑阀式换向阀的换向原理及相应的图形符号.在图示位置,液压缸两腔不通压力油,处于停止状态.若使换向阀的阀芯 1 左移,阀体 2 上的油口 P 和 A 连通,B 和 T 连通.压力油经 P→A 进入液压缸左腔,活塞右移,右腔油液经 B→T 流回油箱.反之,若使阀芯右移,则 P 和 B 连通,A 和 T 连通,活塞左移.此阀有三个工作位置,四个通口,故称作三位四通滑阀式换向阀.

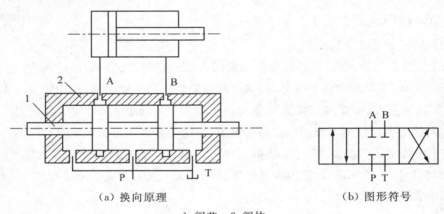

（a）换向原理 （b）图形符号

1:阀芯 2:阀体

图 5-4 三位四通滑阀式换向阀

"通"和"位"是换向阀的重要概念.不同的"通"和"位"构成了不同类型的换向阀.

通指阀体上主油口的个数,用于连接主油路,具有两个、三个、四个、五个主油口的阀被分别称为"二通阀""三通阀""四通阀"和"五通阀".

位指阀芯相对于阀体停留的工作位置数,通常所说的"二位阀""三位阀"是指换向阀的阀芯有两个或三个不同的工作位置;阀芯相对于阀体从一个"位"移动到另一个"位"时,阀体上各主油口的连通形式就会发生变化.

常用的二位和三位换向阀图形符号如图 5-5 所示,图形符号的含义如下:

① 用方框表示滑阀的工作位置,有几个方框就表示有几"位".

② 方框内的箭头表示在这一位置上油路处于接通状态,但箭头方向不一定表示液流的实际方向.

③ 截断符号"⊥"和"⊤"与方框的交点表示此油路被阀芯封闭.

④ 一个方框中箭头首尾或封闭符号与方框的交点表示阀的接出通路,其交点数即为滑阀的通路数.

⑤ 一般阀与系统供油路连接的进油口用 P 表示;阀与系统回油路连接的回油口用 T 表示,多个回油用 T_1、T_2 区分;而阀与执行元件连接的工作油口用 A、B 表示.

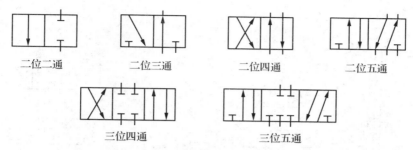

二位二通　　二位三通　　二位四通　　二位五通

三位四通　　三位五通

图 5-5　换向阀的位和通路符号

（3）按操纵方式分类.

按照操纵方式,换向阀可分为手柄动、机动、电磁动、弹簧液动和电液动等,其符号如图 5-6 所示.

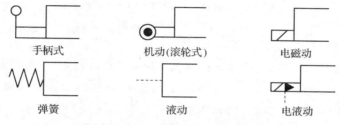

手柄式　　　　机动(滚轮式)　　　电磁动

弹簧　　　　　液动　　　　　电液动

图 5-6　换向阀操纵方式的符号

不同的操纵方式与图 5-5 所示的换向阀的位和通路符号组合就可以得到不同的换向阀,如三位四通电磁换向阀、三位五通手动换向阀等.换向阀都有两个或两个以上的工作位置,其中一个为常态位,表示阀芯未受到操纵力作用时所处的位置,即操纵符号画在表示控制力作用下的工作位置的方框旁.三位阀的中位是常态位,利用弹簧复位的二位阀则以靠近弹簧的方框内的通路状态为其常态位.绘制液压系统图,油路一般应连接在换向阀的常态位上.此外,表示油口类型的字母 P、T、A、B 通常也标注在常态位上.

① 手动换向阀.

手动换向阀是利用手动杠杆等机构来改变阀芯相对于阀体的位置从而实现换向的,主要有弹簧复位和钢球定位两种形式.如图 5-7(a)所示为弹簧自动复位式三位四通手动换向阀的结构.推动手柄 1 通过杠杆带动阀芯 3 在阀体 2 内向左或向右移动,改变液压油流动的方向.松开手柄,阀芯会在弹簧 4 的作用下恢复到中位;要使阀芯维持在左、右极端位置,必须用手扳住手柄不放.这种结构的换向阀适用于动作频繁、持续工作时间较短的场合,操作比较安全,常用于工程机械.

若将图 5-7(a)所示的换向阀右端轴改为图 5-7(b)所示的结构,阀芯向左或向右移动后,可借助钢球 5 使阀芯保持在该工作位置上,故称为弹簧钢球定位式三位四通手动换向阀,它适用于机床、液压机、船舶等需要保持工作状态时间较长的场合.手柄还可以改造为脚踏操纵形式.

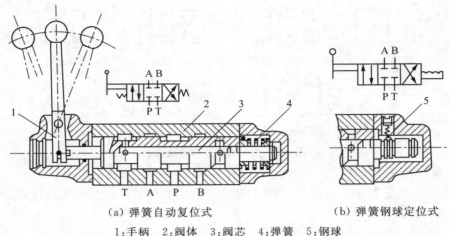

（a）弹簧自动复位式　　　　（b）弹簧钢球定位式

1：手柄　2：阀体　3：阀芯　4：弹簧　5：钢球

图 5-7　手动换向阀

② 机动换向阀.

机动换向阀又称行程阀,主要用来控制机械运动部件的行程,它借助于安装在工作台上的挡铁或凸轮来迫使阀芯移动,从而控制油液的流动方向. 机动换向阀通常是二位的,有二通、三通、四通等几种类型,又有常闭和常通两种形式. 如图 5-8(a)所示为滚轮式二位三通机动换向阀的结构图,在图示位置阀芯 2 被弹簧 1 压向上端,油腔 P 和 A 通,B 口关闭.当挡铁或凸轮压住滚轮 4,使阀芯 2 移动到下端时,就使油腔 P 和 A 断开,P 和 B 接通,A 口关闭.

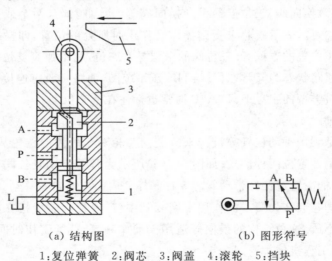

（a）结构图　　　　（b）图形符号

1：复位弹簧　2：阀芯　3：阀盖　4：滚轮　5：挡块

图 5-8　滚轮式二位三通机动换向阀

③ 电磁换向阀.

电磁换向阀是利用电磁铁的通电吸合与断电释放而直接推动阀芯来控制液流方向的. 它是电气系统与液压系统之间的信号转换元件,可借助按钮开关、行程开关、限位开关、压力继电器等产生的信号进行控制,易于实现动作转换的自动化,因此应用广泛.

换向阀按电磁铁使用电源的不同,可分为直流型与交流型两类.按衔铁工作腔是否有油液又分为"干式"和"湿式".交流电磁铁启动力较大,无须设置专门的电源,吸合、释放快,动作时间约为 0.01~0.03s;缺点是电压下降 15% 以上时,电磁力明显减小,若衔铁不动作,干式电磁铁会在 10~15min 后烧坏线圈(湿式电磁铁为 1~1.5h),且冲击及噪声较大、寿命低,因而在实际使用时交流电磁铁允许的切换频率一般为 10 次/min,不得超过 30 次/min.直流电磁铁工作可靠,吸合、释放动作时间约为 0.05~0.08s,允许使用的切换频率较高,一般可达 120 次/min,最高可达 300 次/min,且冲击力小、体积小、寿命长;但须设置专门的直流电源,成本较高.此外,还有一种本整型电磁铁,电磁铁是直流的,但自带整流器,外接交流电经整流后再供给直流电磁铁.目前,国外新发展了一种油漫式电磁铁,衔铁和激磁线圈都浸在油液中工作,其工作寿命更长、性能平稳可靠,但造价较高,应用面不广.

如图 5-9 所示为三位五通电磁换向阀的结构和符号,当左边电磁铁通电,右边电磁铁断电时,阀油口的连接状态为 P 和 A 通,B 和 T_2 通,T_1 封闭;当右边电磁铁通电,左边电磁铁断电时,P 和 B 通,A 和 T_1 通,T_2 封闭;当左右电磁铁全断电时,阀芯在两端弹簧作用下回到中位,五个油口全部封闭.

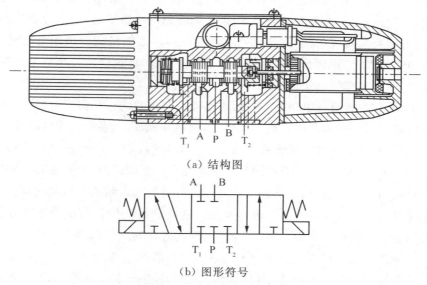

（a）结构图

（b）图形符号

图 5-9　三位五通电磁换向阀

电磁换向阀由于受到电磁铁吸力有限的限制,只适用于流量不大的场合.对于流量较大的场合,换向阀就必须采用液压或电液驱动等方式进行换向.

④ 液动换向阀.

液动换向阀是利用控制油路的压力油在阀芯端部产生的液压力来推动阀芯移动,从而改变阀芯位置的换向阀.如图 5-10 所示为三位四通液动换向阀的结构和图形符号.阀芯是由其两端密封腔中油液的压差来移动的,当控制油路的压力油从阀右边的控制油口 K_2 进入滑阀右腔时,K_1 接通回油,阀芯向左移动,使压力油口 P 与 B 相通,A 与 T 相通;当 K_1 接通压力油,K_2 接通回油时,阀芯向右移动,使得 P 与 A 相通,B 与 T 相通;当 K_1、K_2 都通回油时,阀芯在两端弹簧和定位套作用下回到中间位置.

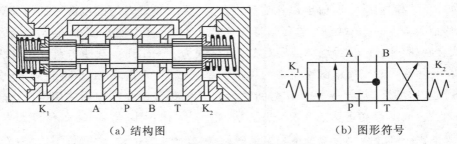

（a）结构图 　　　　　　　　（b）图形符号

图 5-10　三位四通液动换向阀

采用液动换向阀时,必须配置先导阀来改变控制油的流动方向.可用手动滑阀(或转阀),也可用工作台的挡铁操纵行程滑阀,但较多采用电磁阀作先导阀.通常将电磁阀与液动阀组合在一起称为电液换向阀.

⑤ 电液换向阀.

在大中型液压设备中,当通过阀的流量较大时,作用在滑阀上的摩擦力和液动力较大,此时电磁换向阀的电磁铁推力相对太小,要用电液换向阀来代替电磁换向阀.电液换向阀是由电磁换向阀和液动换向阀组合而成的.电磁换向阀起先导作用,它可以改变控制液流的方向,从而改变液动换向阀阀芯(主阀芯)的位置.由于操纵液动滑阀的液压推力可以很大,所以主阀芯的尺寸可以做得很大,允许有较大的油液流量通过.这样用较小的电磁铁就能控制较大的液流,同时能实现换向缓冲.

如图 5-11 所示为弹簧对中型的三位四通电液换向阀的结构和图形符号,当先导电磁阀左边的电磁铁通电后使其阀芯向右边位置移动,来自主阀 P 口或外接油口的控制压力油可经先导电磁阀的 A' 口和左单向阀进入主阀左端容腔,并推动主阀阀芯向右移动,这时主阀阀芯右端容腔中的控制油液通过右边的节流阀经先导电磁阀的 B' 口和 T' 口,再从主阀的 T 口或外接油口流回油箱(主阀阀芯的移动速度可由右边的节流阀调节),使主阀 P 与 A、B 和 T 的油路相通;反之,由先导电磁阀右边的电磁铁通电,可使 P 与 B、A 与 T 的油路相通;当先导电磁阀的两个电磁铁均不带电时,先导电磁阀阀芯在其对中弹簧作用下回到中位,此时来自主阀 P 口或外接油口的控制压力油不再进入主阀芯的左、右两容腔,主阀芯左右两腔的油液通过先导电磁阀中间位置的 A'、B' 两油口与先导电磁阀 T' 口相通[如图 5-11(b)所示],再从主阀的 T 口或外接油口流回油箱.主阀阀芯在两端对中弹簧的预压力的推动下,依靠阀体定位,准确地回到中位,此时主阀的 P、A、B 和 T 油口均不通.图 5-11(b)所示为电液换向阀(弹簧对中、内部压力控制、外部泄油)的详细图形符号,图 5-11(c)为其简化图形符号.电液换向阀除了上述的弹簧对中以外还有液压对中的,在液压对中的电液换向阀中,先导式电磁阀在中位时,A'、B' 两油口均与油口 P 连通,而 T' 则封闭,其他方面与弹簧对中的电液换向阀基本相似.

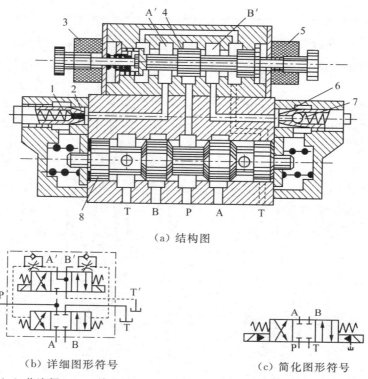

（a）结构图

（b）详细图形符号　　　　　　　　（c）简化图形符号

1、6：节流阀　2、7：单向阀　3、5：电磁铁　4：电磁阀阀芯　8：主阀阀芯

图 5-11　三位四通电液换向阀

2. 换向阀的中位滑阀机能

对于各种操纵方式的三位四通和五通的换向滑阀，阀芯在中间位置时，各油口间的通路有各种不同的连接形式，以适应各种不同的工作要求. 这种常态位置时的内部通路形式，称为中位滑阀机能，如表 5-2 所示为常见的三位四通、五通换向阀的滑阀机能（五通阀有两个回油口，四通阀在阀体内连通，所以只有一个回油口）.

表 5-2　三位换向阀的中位机能

滑阀机能	滑阀状态	中位符号		特点
		四通	五通	
O 型	T(T₁) A P B T(T₂)	A B P T	A B T₁ P T₂	各油口全封闭，系统保压，执行元件油口封闭

续表

滑阀机能	滑阀状态	中位符号		特点
		四通	五通	
H 型	T(T₁) A P B T(T₂)	A B / P T	A B / T₁ P T₂	各油口全连通,系统卸荷,执行元件两腔与回油连通
Y 型	T(T₁) A P B T(T₂)	A B / P T	A B / T₁ P T₂	A、B、T 口连通,P 口保压,执行元件两腔与回油连通
J 型	T(T₁) A P B T(T₂)	A B / P T	A B / T₁ P T₂	系统不卸荷,执行元件一腔封闭,另一腔与回油连通
P 型	T(T₁) A P B T(T₂)	A B / P T	A B / T₁ P T₂	压力油与执行元件两腔连通,回油封闭
K 型	T(T₁) A P B T(T₂)	A B / P T	A B / T₁ P T₂	压力油与执行元件一腔及回油连通,另一腔封闭,系统可卸荷
X 型	T(T₁) A P B T(T₂)	A B / P T	A B / T₁ P T₂	压力油与各油口半开启连通,系统保持一定压力

续表

滑阀机能	滑阀状态	中位符号		特点
		四通	五通	
M型	T(T₁) A P B T(T₂)	A B / P T	A B / T₁ P T₂	系统卸荷,执行元件两腔封闭
U型	T(T₁) A P B T(T₂)	A B / P T	A B / T₁ P T₂	系统不卸荷,执行元件两腔连通,回油封闭

中位滑阀机能不仅在阀芯处于中位时对系统性能有影响,而且在换向过程中对系统的性能也有影响.在分析和选择三位换向阀的中位滑阀机能时,通常考虑以下几点:

（1）液压泵工作状态.

当接液压泵的油口 P 被堵塞时（如 O 型）,系统保压,液压泵能用于多缸液压系统;当油口 P 和 T 相通时（如 H 型、M 型）,液压泵处于卸荷状态,功率损耗少.

（2）液压缸工作状态.

当油口 A 和 B 接通时（如 H 型）,卧式液压缸处于"浮动"状态,可以通过某些机械装置（如齿轮齿条机构）改变工作台的位置;立式液压缸由于自重而不能停止在任意位置上.当油口 A、B 堵塞时（如 O 型、M 型）,液压缸能可靠地停留在任意位置上,但不能通过机械装置改变执行机构的位置.当油口 A、B 与 P 连接时（如 P 型）,单杆液压缸和立式液压缸不能在任意位置停留,双杆液压缸可以通过机械装置改变执行机构的位置.

（3）换向平稳性与精度.

当通液压缸的油口 A、B 堵塞时（如 O 型）,换向过程中易产生液压冲击,换向平稳性差,但换向精度高;反之,油口 A、B 都通油口 T 时（如 H 型）,换向过程中工作部件不易迅速制动,换向精度低,但液压冲击小,换向平稳性好.

（4）启动平稳性.

当阀芯处于中位时,液压缸的某腔若与油箱相通（如 H 型）,则启动时该腔内因无足够的油液起缓冲作用而不能保证平稳启动;反之,液压缸的某腔不通油箱而充满油液时（如 O 型）,再次启动就较平稳.

第三节　压力控制阀

在液压传动系统中,控制油液压力高低的液压阀称为压力控制阀,简称压力阀.这类阀的共同点是根据阀芯受力平衡的原理,利用受控液流作用在阀芯上的液压力与其他作用力(弹簧力)相平衡,来调节阀的开口量大小从而改变对液流的阻力,实现控制压力的目的.

在具体的液压系统中,根据工作需要的不同,对压力控制的要求是各不相同的:有的需要限制液压系统的最高压力,如安全阀;有的要稳定液压系统中某处的压力值(或者压力差、压力比等),如溢流阀、减压阀等定压阀;还有的利用液压力作为信号控制其动作,如顺序阀、压力继电器等.

一、溢流阀

1. 溢流阀的结构和工作原理

液压系统中常用的溢流阀有直动式和先导式两种.直动式一般用于低压系统,先导式用于中、高压系统.

（1）直动式溢流阀.

直动式溢流阀依靠系统中的压力油直接作用在阀芯上与弹簧力等相平衡,以控制阀芯的启闭动作.直动式溢流阀的结构主要有滑阀、锥阀、球阀和喷嘴挡板等形式,其基本工作原理相同.如图 5-12 所示为滑阀型直动式溢流阀的结构和图形符号.图示位置,阀芯在调压弹簧力 F_s 的作用下处于最下端位置,阀芯台肩的封油长度 S 将进、出油口隔断,压力油从进油口 P 进入阀后,经孔 f 和阻尼孔 g 后作用在阀芯 7 的底面 C 上,阀芯 7 的底面 C 上受到油压的作用形成一个向上的液压力 F.当进口压力 p 较低,液压力 F 小于弹簧力 F_s 时,阀芯在调压弹簧的预压力作用下处于最下端,由底端螺塞 8 限位,阀处于关闭状态.当液压力 F 等于或大于调压弹簧力 F_s 时,阀芯向上运动,上移行程 S 后阀口开启,进口压力油经阀口溢流回油箱,此时阀芯处于受力平衡状态.

图 5-12(a)中的 L 为泄漏油口.图中回油口 T 与泄漏油流经的弹簧腔相通,L 口堵塞,这种连接方式称为内泄式.内泄时,回油口 T 的背压将作用在阀芯上端面,这时与弹簧相平衡的是进出口压差.若将上盖 5 旋转 180°,卸掉 L 口螺塞,直接将泄漏油引回油箱,这种连接方式称为外泄式.

当溢流阀稳定工作时,作用在阀芯上的力应是平衡的.若忽略阀芯自重、摩擦力和稳态轴向液动力,则阀芯的受力平衡方程为

$$pA_R = F_s \tag{5-1}$$

式中,p——进油口压力;

　　A_R——阀芯承受油液压力的面积;

　　F_s——弹簧的调定作用力.

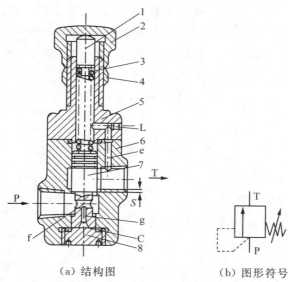

（a）结构图　　　（b）图形符号

1:调节杆　2:调节螺母　3:调压弹簧　4:缩紧螺母　5:上盖　6:阀体　7:阀芯　8:螺塞

图 5-12　直动型溢流阀

由式(5-1)可得

$$p = \frac{F_s}{A_R} = \frac{k(x_0 + \Delta x)}{A_R} \tag{5-2}$$

式中，k——阀芯弹簧的刚度；

　　x_0——平衡弹簧的预压缩量；

　　Δx——平衡弹簧的附加压缩量.

由式(5-2)可见，弹簧力的大小与控制压力成正比.因此，若要提高被控压力，一方面可用减小阀芯的面积来实现；另一方面则须加大弹簧力，因受结构限制，所以须采用较大刚度的弹簧.这样，在阀芯位移相同的情况下，弹簧力变化较大.因此，这种阀的定压精度低，一般用于压力小于 2.5MPa 的小流量场合.

（2）先导式溢流阀.

先导式溢流阀由主阀和先导阀两部分组成.其中，先导阀部分就是一种直动式溢流阀（多为锥阀式结构）.

如图 5-13 所示为先导式溢流阀的结构和图形符号，在图中压力油从 P 口进入，经过主阀芯上的阻尼孔 5 至主阀芯 6 上腔和先导阀芯 1 的前端，并对先导阀芯 1 施加一个液压力 F_x.若液压力 F_x 小于先导阀芯另一端弹簧力 F_t 时，先导阀关闭，主阀上腔为密封静止容腔，阻尼孔 5 中无液流流过，主阀芯上下两腔压力相等.因上腔作用面积 A_2 稍大于下腔作用面积 A_1($A_2/A_1 = 1.03 \sim 1.05$)，因此作用于主阀芯上下腔的液压力差与弹簧力共同作用将主阀芯紧压在主阀座 7 上，主阀阀口关闭.随着溢流阀进口压力 p_1 的增大，作用在先导阀芯上的液压力 F_x 也随之增大，当 $F_x \geqslant F_t$ 时，先导阀阀口开启，压力油经主阀芯上的阻尼孔 5、阀盖上的流道 a、先导阀阀口、主阀芯中心泄油孔 b 流回油箱.由于液流通过阻尼孔 5 时将在两端产生压力差,使主阀上腔压力 p_2(先导阀前腔压力)低于主阀下腔压力 p_1(主阀进口压力).当压差 $p_1 - p_2$ 足够大时,因压差形成向上的液压力克服主阀弹簧力推动阀芯上移,主阀阀口开启,溢流阀进口压力油经主阀阀口流至回油口 T,然后流回油箱.主阀阀口开度一定时,先导阀阀芯和主阀阀芯均处于平衡状态,有

$$p_1 A_1 = p_2 A_2 + F_s \tag{5-3}$$

或

$$p_1 = p_2 + \frac{F_s}{A_R} = p_2 + \frac{k(x_0 + \Delta x)}{A_R} \tag{5-4}$$

式中,p_1——溢流阀进油口压力;

　　　p_2——主阀芯上腔的控制压力;

　　　A_R——主阀芯的有效作用面积($A_R = A_1 \approx A_2$);

　　　k——主阀芯弹簧的刚度;

　　　x_0——主弹簧的预压缩量;

　　　Δx——主弹簧的附加压缩量;

　　　F_s——主弹簧的作用力.

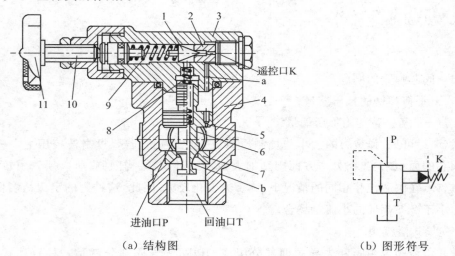

（a）结构图　　　　　　　　　　（b）图形符号

1:先导阀芯　2:先导阀座　3:阀盖　4:阀体　5:阻尼孔　6:主阀芯　7:主阀座
8:主阀弹簧　9:调压弹簧　10:调节螺钉　11:调节手轮

图 5-13　先导式溢流阀(管式)

对于先导式溢流阀,由于阀芯上腔有控制压力 p_2 存在,所以主阀芯弹簧的刚度可以做得较小.当负载变化时,通过主阀芯的流量会有改变,阀口开度也随之增大或减小,主弹簧的附加压缩量 Δx 发生相应的变化.由于主弹簧的刚度低,Δx 的变动量相对预压缩量 x_0 来说又很小,故溢流阀进口的压力 p_1 变化甚小;同理,由于先导阀的调压弹簧刚度也不大,弹簧调定后,在溢流时上腔的控制压力 p_2 也基本不变,故先导式溢流阀在压力调定后,即使溢流量变化,进口处的压力 p_1 变化也很小,因此定压精度高.由于先导阀的阀芯一般为锥阀,受压面积小,所以用一个刚度不太大的弹簧即可调整较高的压力 p_2,调节先导阀弹簧的预紧力,就可

调节溢流阀的溢流压力.这种阀调压比较轻便、振动小、噪声低、压力稳定,但只有在先导阀和主阀都动作后才起控制压力的作用,因此反应不如直动型溢流阀快.如图 5-13 所示的 Y 型溢流阀的调压范围是 0.5～6.3MPa.

先导式溢流阀有一个远程控制口 K,如果将 K 口用油管接到另一个远程调压阀(远程调压阀的结构和溢流阀的先导控制部分一样),调节远程调压阀的弹簧力,即可调节溢流阀主阀芯上端的液压力,从而对溢流阀的溢流压力实现远程调压.但是,远程调压阀所能调节的最高压力不得超过溢流阀自身导阀的调整压力.当远程控制口 K 通过二位二通阀接通油箱时,主阀芯上端的压力接近于零,主阀芯上移到最高位置,阀口开得很大.由于主阀弹簧较软,这时溢流阀 P 口处压力很低,系统的油液在低压下通过溢流阀流回油箱,实现卸荷.

2. 溢流阀的作用和性能

(1) 溢流阀的作用.

溢流阀在不同的场合有不同的用途.

① 作定压阀.一般在定量泵节流调速系统中,与流量控制阀配合使用,调节进入系统的流量,将液压泵多余的流量溢流回油箱,并保持系统的压力恒定.

② 作安全阀.对系统起过载保护作用的溢流阀称为安全阀,如在容积节流调速系统中,液压系统正常工作时溢流阀处于关闭状态,只有在系统发生故障,压力升至溢流阀调定压力时才开启溢流.

③ 作卸荷阀.在需要卸荷回路的液压系统中,先导型溢流阀可作卸荷阀用,此时只要通过换向阀将溢流阀的遥控口与油箱接通,液压泵即可卸荷,从而降低液压系统的功率损耗和发热量.

④ 作调压阀.若将先导型溢流阀的遥控口接远程溢流阀,则可实现远程控制并能多级调压.

⑤ 作背压阀.将溢流阀串联于执行元件的回油路上,可使执行元件的出口侧形成一定的背压(一般小于 0.6MPa),从而改善执行元件运动的平稳性.

(2) 溢流阀的性能.

溢流阀的性能包括静态性能和动态性能,这里只对静态性能做简单介绍.静态性能是指溢流阀在稳定工况下,即系统压力没有突变时,溢流阀所控制的压力-流量特性.

① 启闭特性.启闭特性是指溢流阀从开启到通过额定流量,再由额定流量到闭合整个过程中,通过溢流阀的流量与其控制压力之间的关系,是衡量溢流阀性能好坏的重要指标之一.启闭特性一般以溢流阀处于额定流量、额定压力时,开启溢流时的开启压力 p_k 以及停止溢流时的闭合压力 p_b 与额定压力 p_n 比值的百分比形式来衡量.前者称为开启压力比 $\overline{p_k}$,后者称为闭合压力比 $\overline{p_b}$,即

$$\overline{p_k} = \frac{p_k}{p_n} \times 100\% \tag{5-5}$$

$$\overline{p_b} = \frac{p_b}{p_n} \times 100\% \tag{5-6}$$

开启压力比和闭合压力比越大且两者越接近,则溢流阀的启闭性能越好. 一般应使$\overline{p_k}\geqslant$90%,$\overline{p_b}\geqslant$85%. 对于同一个溢流阀,开启特性总是优于闭合特性. 这是由于溢流阀的阀芯在移动过程中要受到摩擦力的作用,阀口在开启和闭合两种运动过程中,摩擦力的作用方向相反所致. 此外,先导式溢流阀的启闭特性优于直动式溢流阀,主要是因为直动式溢流阀内弹簧力直接与溢流阀的进口压力所产生的液压力相平衡,弹簧刚度大,当溢流量波动而引起阀口开口量变化时,弹簧力的变化量就大,因而使调定压力也产生较大的变化. 而先导式溢流阀中,主阀弹簧主要用于克服阀芯摩擦力,弹簧刚度小,溢流量变化引起主阀弹簧压缩量变化时,弹簧力变化较小,因此阀进口压力变化也小.

② 压力调节范围. 压力调节范围是指调压弹簧在规定范围内调节时,系统压力能平稳地上升或下降,且压力无突跳及迟滞现象时的最高和最低调定压力.

③ 压力稳定性. 溢流阀工作压力的稳定性由两个指标来衡量:一是额定流量和额定压力下,进口压力在一定时间(一般为3min)内的偏移量;二是在整个调压范围内,通过额定流量时进口压力的振摆值. 如果溢流阀的稳定性不好,就会产生剧烈的振动和噪声.

④ 卸荷压力. 当溢流阀作卸荷阀使用时,额定流量下溢流阀进、出油口的压力差称为卸荷压力. 卸荷压力越小,油液通过溢流阀开口处的损失越小,油液的发热量也越小.

⑤ 最小稳定流量. 当溢流阀通过的流量很小时,阀芯容易发生振动和噪声,也会使得进口压力不稳定. 溢流阀保持进口压力稳定,且工作时无振动、无噪声时的最小溢流量即为最小稳定流量. 溢流阀的最小稳定流量取决于压力平稳性要求,一般规定为额定流量的15%.

二、减压阀

减压阀是一种利用液流流过缝隙产生压力损失,使出口压力(二次压力)低于进口压力(一次压力)的一种压力控制阀. 其作用是降低液压系统中某一回路的油液压力,使得一个油源能同时提供两个或几个不同压力的输出. 减压阀在各种液压设备的夹紧系统、润滑系统和控制系统中应用较多. 此外,当油液压力不稳定时,在回路中串入一减压阀可得到一个稳定的较低的压力. 根据控制压力的不同要求,减压阀可分为定压减压阀、定差减压阀和定比减压阀.

1. 定压减压阀

定压减压阀有直动式和先导式两种结构形式.

如图5-14(a)所示为直动式减压阀的结构和图形符号. 阀上有三个油口:进油口P_1(一次压力油口)、出油口P_2(二次压力油口)以及外泄油口L. 高压油从P_1进入减压阀,经阀芯3与阀体2之间形成的节流口(开度为x),从出油口P_2流出,同时P_2口的压力通过流道a反馈至阀芯底部,对阀芯产生向上的液压力,该力与调定弹簧力进行比较. 当出油口压力未达到减压阀的设定压力时,阀芯位于最下端,阀口全开(即阀是常开的),此时减压阀基本不起减压作用;若出口压力达到阀的设定压力,此时阀芯底部受到的液压力大于弹簧力,阀芯上移,阀口开度x减小,进行减压,最终稳定在某个平衡位置,维持出口压力基本不变. 若忽略其他阻力,仅考虑作用在阀芯上的液压力和弹簧力相平衡的条件,则可以认为出口压力基本上维持在某一定值——调定值上. 这时如出口压力减小,阀芯就下移,开大阀口,阀口处阻力减小,压降减小,使出口压力回升到调定值;反之,若出口压力增大,则阀芯上移,关小阀口,阀口处阻力加大,压降增大,使出口压力下降到调定值. 由于出油口 P_2 接系统回路,因此其外泄油口 L 必须单独接回油箱.

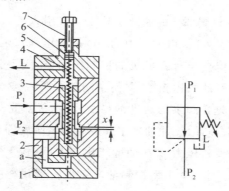

1:下盖　2:阀体　3:阀芯　4:调压弹簧　5:上盖　6:弹簧座　7:调节螺钉

（a）直动式减压阀及其图形符号

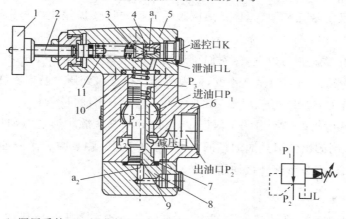

1:调压手轮　2:调节螺钉　3:锥阀　4:锥阀座　5:阀盖　6:阀体
7:主阀芯　8:端盖　9:阻尼孔　10:主阀弹簧　11:调压弹簧

（b）先导式减压阀及其图形符号

图 5-14　定压减压阀

如图 5-14(b)所示为先导式减压阀的工作原理图和图形符号. 先导阀和主阀分别为锥阀和滑阀结构,先导阀调压,主阀减压. 高压油从 P_1 进入,低压油从 P_2 流出. 同时出油口 P_2 的压力油经过阀体和端盖上的通道进入主阀芯的下腔,再经主阀芯上的阻尼孔 9 进入主阀上腔和先导阀前腔,作用在先导阀芯上. 当出油口压力小于调定压力时,先导阀口关闭,阻尼孔 9 中没有油液流动,主阀芯上、下两端的油液压力相等,主阀在弹簧的作用下位于最下端的位置,减压口全开,不起减压作用, $p_2 \approx p_1$. 出油口压力大于调定压力时,先导阀口打开,出油口部分油液经阻尼孔 9、先导阀口、卸油口 L 流回油箱,阻尼孔 9 有油液流动,主阀上下腔产生压差(下腔压力大于上腔压力),当此压力差产生的作用力大于主阀上的弹簧力时,主阀芯上移,减压口关小,减压作用增强,直到主阀芯稳定在某一平衡位置,此时出油口压力 p_2 取决于先导阀弹簧调定压力值.弹簧压力不变的情况下,若进油口压力 p_1 升高,则出油口压力 p_2 也升高,主阀芯上移,p_2 又减小,主阀芯在新的位置上处于平衡,而出油口压力 p_2 基本保持不变;反之亦然.

如图 5-14(b)所示的先导阀部分的油液是从出油口引入的,也可以从进油口引入,各有特点.先导阀供油从出油口引入时,供油压力为 p_2,是减压阀稳定后的压力,波动不大,有利于提高先导级的控制精度,但会导致先导级的控制压力(主阀上腔压力)始终低于主阀下腔压力,若减压阀主阀芯上下有效面积相等,要使主阀芯平衡,就必须加大主阀弹簧刚度,这会使得主阀的控制精度降低.先导阀供油从进油口引入时,优点是先导级的供油压力较高,先导级的控制压力也可以比较高,故无须加大主阀芯的弹簧刚度即可使主阀芯平衡,可提高主阀的控制精度,但减压阀进油口压力 p_1 波动可能比较大,不利于先导级控制,因此此类减压阀通常会在先导阀进油口处用一个小型控制油流量恒定器代替固定阻尼孔,有利于提高先导阀控制压力的稳定精度.

直动式减压阀和先导式减压阀的工作特性及优缺点与前述的直动式溢流阀与先导式溢流阀的工作特性及优缺点相似,先导式减压阀的远程控制口 K 用法也与先导式溢流阀类似,这里不再赘述.

对比减压阀和溢流阀可以发现,它们自动调节的作用原理是相似的,区别在于:

(1) 减压阀保持出口压力基本不变,而溢流阀保持进口处压力基本不变.

(2) 在不工作时,减压阀进、出油口互通,而溢流阀进出油口不通.

(3) 为保证减压阀出口压力调定值恒定,它的导阀弹簧腔须通过泄油口单独外接油箱,有外泄口;而溢流阀的出油口是通油箱的,所以它的导阀的弹簧腔和泄漏油可通过阀体上的通道和出油口相通,不必单独外接油箱,无外泄口.

2. 定差减压阀

定差减压阀是使进、出油口之间的压力差保持不变的减压阀,其结构和图形符号如图 5-15 所示.

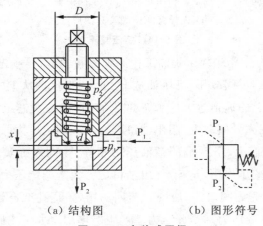

(a) 结构图   (b) 图形符号

图 5-15 定差减压阀

高压油 p_1 经节流口减压后以低压 p_2 输出,同时低压油经阀芯中心孔将压力 p_2 引至阀芯上腔,其进出口油液压力在阀芯有效作用面积上的压力差与弹簧力平衡

$$\Delta p = p_1 - p_2 = \frac{k(x_0 + x)}{\pi(D^2 - d^2)/4} \tag{5-7}$$

式中,D、d——阀芯大端外径和小端外径;

　　k——弹簧刚度;

　　x_0、x——弹簧预压缩量和阀芯开口量.

由式(5-7)可知,只要尽力减小弹簧刚度 k,并使阀口开度 x 的变化尽可能小,就可使压力差 Δp 近似保持为定值.定差减压阀主要用来和其他阀组成复合阀,如定差减压阀和节流阀串联组成调速阀.

3. 定比减压阀

定比减压阀是使进、出油口压力的比值保持恒定的减压阀,如图 5-16 所示.

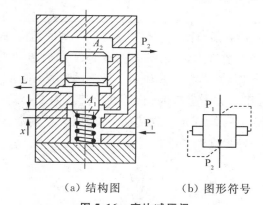

(a) 结构图　　　　(b) 图形符号

图 5-16　定比减压阀

在稳定时,忽略阀芯受到的稳态液动力、阀芯的自重力和摩擦力时,可得到阀芯受力平衡方程为

$$p_1 A_1 + k(x_0 + x) = p_2 A_2 \tag{5-8}$$

式中,k——弹簧刚度;

　　x_0、x——弹簧预压缩量和阀芯开口量.

若忽略弹簧力(弹簧刚度较小),则有

$$\frac{p_2}{p_1} = \frac{A_1}{A_2} \tag{5-9}$$

由式(5-9)可知,选择合适的阀芯作用面积 A_1 和 A_2,便可得到所要求的压力比,且比值近似恒定.

三、顺序阀

顺序阀是以压力为信号自动控制油路通断的压力控制阀,常用于控制同一系统多个执行元件的顺序动作.按其控制方式有内控和外控之分,前者用阀的进口压力控制阀芯的启

闭,称为内控顺序阀,简称顺序阀;后者用外来的控制压力油控制阀芯的启闭,称为液控顺序阀(或外控顺序阀).根据泄油方式有内泄和外泄两种,按其结构又有直动式和先导式之分.

通过改变控制方式、泄油方式和出口的接法,顺序阀还可具有多种功能,作背压阀、卸荷阀和平衡阀用.各种顺序阀的图形符号如表 5-3 所示.在顺序阀内部并联设置单向阀,可构成单向顺序阀.

表 5-3 顺序阀图形符号

名称	顺序阀		背压阀	卸荷阀
控制与泄油方式	内控外泄	外控外泄	内控内泄	外控内泄
图形符号				

如图 5-17 所示为具有控制活塞的 XF 型直动式顺序阀的结构.阀芯通常为滑阀结构,进油腔与控制活塞腔相连,压力油进入油腔后,经过阀体 4 和底盖 2 上的孔,进入控制活塞 3 的底部.当进油压力 p_1 较低时,阀芯在弹簧作用下处下端位置,进油口和出油口不相通;当作用在阀芯下端的油液的液压力大于弹簧的预紧力时,阀芯向上移动,阀口打开,油液便经阀口从出油口流出,从而操纵另一执行元件或其他元件动作.控制活塞的横截面积比阀芯小,其作用是减小弹簧刚度,从而提高调压准确度.

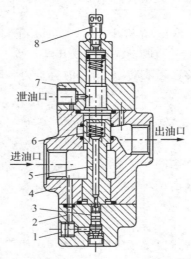

1:螺塞 2:底盖 3:控制活塞 4:阀体 5:阀芯 6:调压弹簧 7:端盖 8:调节螺钉

图 5-17 直动式顺序阀

图 5-17 中控制油直接由进油口引入,外控口用螺塞 1 堵住,外泄油腔单独接回油箱,此种控制形式为内控外泄式.若装配时将底盖 2 沿图中竖直对称轴旋转 $90°$ 或 $180°$,即断开阀体与端盖上孔的连接,并将外控口的螺塞去除接入外部控制油,可得外控外泄式顺序阀;当

出油口接油箱时,可将底盖旋转 90°或 180°安装,并将卸油口堵住,则变为内泄式顺序阀.

由上述分析可知,顺序阀的工作原理与溢流阀基本相似,主要差别在于:

(1)顺序阀的出油口通常接负载油路,而溢流阀的出油口通油箱.

(2)当顺序阀的进、出油口均为压力油时,泄油口必须单独外接油箱,以免弹簧腔油液有压力.

(3)溢流阀的进油口最高压力由调压弹簧限定,阀口打开时出油口油液回油箱,损失全部液压能;顺序阀的进油口压力由系统工况决定,进油口压力升高时阀口开口不断增大直至全开,出油口压力油对负载做功.

如图 5-18 所示为先导式顺序阀的结构和图形符号,其工作原理与前述先导式溢流阀类似,不同的是顺序阀出油口不接回油箱,而连通某一压力油路,因此泄油口 L 须单独接回油箱.

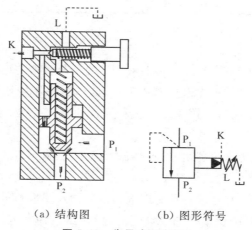

（a）结构图　　　　　（b）图形符号

图 5-18　先导式顺序阀

直动式顺序阀虽然采用了控制活塞,但其调压弹簧刚度仍旧较大.由于顺序阀工作时阀口开度大,阀芯行程较大,因此直动式顺序阀的启闭特性不如先导式顺序阀好,通常只用在压力较低的场合.

顺序阀的工作原理、性能和外形与相应的溢流阀相似,要求也相似.但因功用不同,故有一些特殊要求如下:

(1)为使执行元件的顺序动作准确无误,顺序阀的调压偏差要小,即尽量减小调压弹簧的刚度.

(2)顺序阀相当于一个压力控制开关,因此要求阀在接通时压力损失小,关闭时密封性能好.对于单向顺序阀,反向接通时压力损失也要小.

四、溢流阀、减压阀和顺序阀的比较

溢流阀、减压阀和顺序阀之间有许多共同之处,为加深理解和记忆,在此做一比较,见表 5-4.

表 5-4　溢流阀、减压阀和顺序阀比较表

	溢流阀	减压阀	顺序阀
控制压力	从阀的进油端引压力油去实现控制	从阀的出油端引压力油去实现控制	从阀的进油端或从外部油源引压力油构成内控式或外控式
连接方式	连接溢流阀的油路与主油路并联,阀出口直接通油箱	串联在减压油路上,出口油到减压部分去工作	当作为卸荷和平衡作用时,出口通油箱;当为顺序控制式时,出口到工作系统
泄油方式	泄漏由内部回油	外泄回油(设置外泄口)	外泄回油,当作卸荷阀用时为内泄回油
阀芯状态	原始状态阀口关闭,当安全阀用,阀口是常闭状态;当溢流阀、背压阀用,阀口是常开状态	原始状态阀口开启,工作过程也是微开状态	原始状态阀口关闭,工作过程中阀口常开
作用	安全作用;溢流、稳压作用;背压作用;卸荷作用	减压、稳压作用	顺序控制作用;卸荷作用;平衡(限速)作用;背压作用

五、压力继电器

压力继电器又称压力开关,是一种将油液的压力信号转换为电信号的电液控制元件,根据液压系统压力的变化,通过压力继电器内的微动开关,控制电磁铁、继电器等电气元件动作,自动接通或断开电气线路,可用于实现执行元件的顺序控制、系统安全保护或连锁控制等功能.

按感压元件不同,压力继电器可分为柱塞式、膜片式、弹簧管式和波纹管式四种;按微动开关的结构有单触点和双触点之分.

如图 5-19 所示为单触点柱塞式压力继电器的结构及图形符号.当从控制油口 P 进入柱塞 1 下端的油液压力达到弹簧调定的开启压力时,作用在柱塞上的液压力克服弹簧力推动

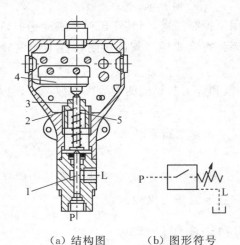

(a)结构图　　(b)图形符号

1:柱塞　2:顶杆　3:螺钉　4:微动开关　5:弹簧

图 5-19　单触点柱塞式压力继电器

柱塞向上运动,使微动开关 4 切换,发出电信号.当 P 口的压力下降到闭合压力时,柱塞在弹簧作用下复位,同时微动开关 4 也在触点弹簧力作用下复位,压力继电器恢复至初始状态.调节螺钉 3 的螺帽可调节弹簧的预紧力,即压力继电器的启闭压力.P 口通过柱塞泄漏的油液从外泄口 L 接回油箱.

　　压力继电器的主要性能参数包括调压范围、灵敏度和通断调节区间、重复精度及升压动作时间、降压动作时间等.

第四节　流量控制阀

　　流量控制阀简称流量阀,在一定压力差下,通过改变阀口通流面积或通流通道的长短来改变局部阻力的大小,实现对流量的控制,进而改变执行机构的运动速度.常用的流量阀有节流阀、压力补偿和温度补偿调速阀、溢流节流阀和分流集流阀等.

一、节流口流量特性

　　节流阀的节流口通常有三种基本形式:薄壁小孔($m=0.5$)、短孔($0.5 < m < 1$)和细长孔($m=1$).但无论节流口采用何种形式,通过节流口的流量 q 及其前后压力差 Δp 的关系均可用 $q = KA\Delta p^m$ 来表示,三种节流口的流量特性曲线如图 5-20 所示.

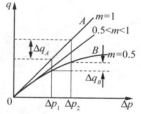

图 5-20　节流阀流量
特性曲线

　　为保证执行元件在节流口大小调定后的运动速度稳定不变,须保证流经节流阀口的流量为定值.但事实上流量是变化不定的,影响流量稳定的因素有以下几点:

　　(1)压差 Δp 对流量的影响.节流阀两端压差 Δp 变化时,通过它的流量要发生变化,三种结构形式的节流口中,通过薄壁小孔的流量受到压差改变的影响最小.

　　(2)温度对流量的影响.油温影响到油液黏度,对于细长小孔,油温变化时,流量也会随之改变.对于薄壁小孔,黏度对流量几乎没有影响,故油温变化时,流量基本不变.

　　(3)节流口堵塞.节流阀的节流口可能因油液中的杂质或油液氧化后析出的胶质、沥青等而局部堵塞,这就改变了原来节流口通流面积的大小,使流量发生变化,尤其是当开口较小时,这一影响更为突出,严重时会完全堵塞而出现断流现象.因此节流口的抗堵塞性能也是影响流量稳定性的重要因素,尤其会影响流量阀的最小稳定流量.一般节流口通流面积越大、节流通道越短、水力直径越大,越不容易堵塞,当然油液的清洁度也对堵塞产生影响.一般流量控制阀的最小稳定流量为 0.05L/min.

　　综上所述,为保证流量稳定,节流口的形式以薄壁小孔较为理想.通过节流口的油液应严格过滤并适当选择节流阀前后的压力差,因为压力差过大,能量损失大且油液易发热;压力差过小,会使压差变化对流量的影响大.推荐采用压力差 $\Delta p = 0.2 \sim 0.3$MPa.

实际上节流口的形式有多种多样,如图 5-21 所示为几种典型节流口的形式.如图 5-21 (a)所示为针阀式节流口,通过针阀的轴向移动改变环形节流开口的大小来调节流量,这种结构加工简单,但节流口长度大,水力半径小,易堵塞,流量受油温影响较大,一般用于对性能要求不高的场合.如图 5-21(b)所示为偏心槽式节流口,阀芯上开一个截面为三角形或矩形的偏心槽,转动阀芯即可改变节流口大小,其性能与针阀式节流口相同,但容易制造,缺点是阀芯上的径向力不平衡,旋转阀芯时较费力,一般用于压力较低、流量较大和流量稳定性要求不高的场合.如图 5-21(c)所示为轴向三角槽式节流口,在阀芯端部开一个或两个斜三角槽,轴向移动阀芯可改变三角槽通流面积,其结构简单,水力半径中等,可得到较小的稳定流量,且调节范围较大,但节流通道有一定的长度,油温变化对流量有一定的影响,目前被广泛应用.如图5-21(d)所示为周向缝隙式节流口,沿阀芯周向开有一条宽度不等的狭槽,转动阀芯就可改变开口大小.阀口做成薄刃形,通道短,水力半径大,不易堵塞,油温变化对流量影响小,因此其性能接近于薄壁小孔,适用于低压小流量场合.如图 5-21(e)所示为轴向缝隙式节流口,在阀孔的衬套上加工出图示薄壁阀口,阀芯做轴向移动即可改变开口大小.这种节流口可以做成单薄刃或双薄刃结构,对温度变化不敏感,且水力半径大,小流量时稳定性好,因而可用于性能要求较高的场合.

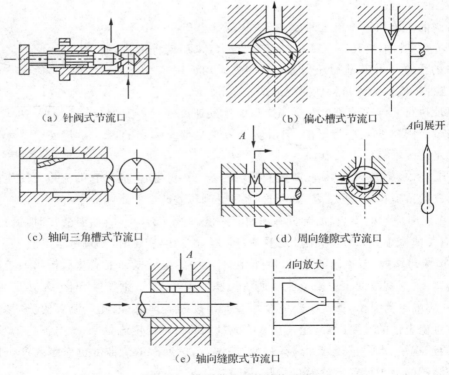

(a)针阀式节流口　　　　　　　　　　　　(b)偏心槽式节流口

(c)轴向三角槽式节流口　　　　　　　　　(d)周向缝隙式节流口

(e)轴向缝隙式节流口

图 5-21 典型节流口的结构形式

二、节流阀

节流阀是一种最简单又最基本的流量控制阀. 如图 5-22 所示为一种普通节流阀的结构和图形符号. 这种节流阀的节流通道呈轴向三角槽式. 压力油从进油口 P_1 流入孔道 a 和阀芯 1 右端的三角槽进入孔道 b, 再从出油口 P_2 流出. 调节手柄 3, 可通过推杆 2 使阀芯做轴向移动, 以改变节流口的通流截面积来调节流量. 阀芯在弹簧 4 的作用下始终贴紧在推杆 2 上, 这种节流阀的进出油口可互换.

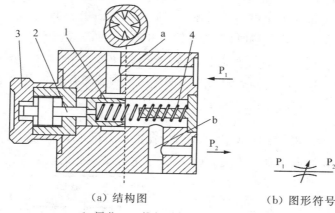

（a）结构图　　　　　　　　（b）图形符号

1:阀芯　2:推杆　3:手柄　4:弹簧

图 5-22　普通节流阀

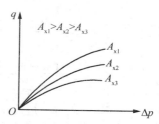

图 5-23　不同开口时的流量-压差特性曲线

如图 5-23 所示为节流阀在不同开口时的流量-压差特性曲线图. 由图 5-23 可知, 即使节流阀开口面积 A 不变, 也会因负载波动引起阀口前后压差 Δp 变化, 从而导致流经阀口的流量 q 不稳定. 通常用节流阀的刚性表示它抵抗负载变化的干扰、保持流量稳定的能力, 即当节流阀开口量不变时, 由于阀前后压力差 Δp 的变化, 引起通过节流阀的流量发生变化的情况. 流量变化越小, 节流阀的刚性越大, 反之其刚性越小.

三、调速阀

由于刚性差, 节流阀在节流开口一定的条件下通过它的工作流量受负载（即节流阀出油口压力）变化的影响, 不能保持执行元件运动速度的稳定. 因此, 节流阀仅适用于负载变化不大和速度稳定性要求不高的场合. 但工作负载的变化是很难避免的, 在对执行元件速度稳定性要求较高的场合, 采用节流阀调速不能满足要求.

为了改善调速系统的性能, 通常对节流阀进行压力补偿的. 常用补偿方法有两种, 一是将定差减压阀与节流阀串联起来组合成调速阀, 另一种方法是将溢流阀与节流阀并联起来组合成溢流节流阀. 这两种压力补偿方式利用流量的变化引起油路压力的变化, 通过阀芯的负反馈作用, 来自动调节节流阀口两端的压差, 使其基本保持不变. 油温的变化也必然会引起油液黏度的变化,进而导致通过节流阀的流量发生改变. 为了减小温度变化对流量的影响,出现了温度补偿型调速阀.

1. 调速阀

调速阀是一种由节流阀与定差减压阀串联组成的流量控制阀. 如图 5-24 所示的调速阀在节流阀 2 前面串接一个定差减压阀 1,一般调速阀均采用这种形式. 液压泵的出口(即调速阀的进口)压力 p_1 由溢流阀调整,基本不变,而调速阀的出口压力 p_3 则由液压缸负载 F 决定. 油液先经减压阀产生一次压力降,将压力降到 p_2,p_2 作用到减压阀的 d 腔和 c 腔;节流阀的出口压力 p_3 又经反馈通道作用到减压阀的 b 腔,当减压阀的阀芯在弹簧力 F_s、油液压力 p_2 和 p_3 作用下处于某一平衡位置时(忽略摩擦力和液动力等),则有

$$p_2 A_1 + p_2 A_2 = p_3 A + F_s \tag{5-10}$$

式中,A、A_1 和 A_2——b 腔、c 腔和 d 腔内压力油作用于阀芯的有效面积,且 $A = A_1 + A_2$.

$$p_2 - p_3 = \Delta p = \frac{F_s}{A} \tag{5-11}$$

因为弹簧刚度较低,且工作过程中减压阀阀芯位移很小,可以认为 F_s 基本保持不变. 故节流阀两端压力差 $p_2 - p_3$ 也基本保持不变,这就保证了通过节流阀的流量稳定.

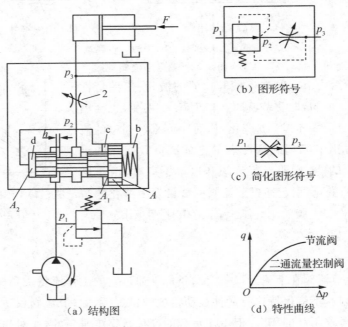

(b) 图形符号

(c) 简化图形符号

(a) 结构图

(d) 特性曲线

1:减压阀 2:节流阀

图 5-24 调速阀

定差减压阀的压力补偿原理如下:

(1) 若系统工作负载增大导致调速阀出油口压力 p_3 增大,在调速阀进油口压力 p_1 不变的情况下,流经调速阀的流量因总压差有减小的趋势;但 p_3 增大的同时使定差减压阀阀芯受力平衡破坏,阀芯向阀口增大的方向移动,使定差减压阀的减压作用减弱,p_2 增大,直至 $p_2 -$

p_3 恢复到原来值,定差减压阀在新的位置达到受力平衡.

（2）若调速阀的进油口压力 p_1 增大,则在调速阀出油口压力 p_3 不变的情况下,流经调速阀的流量有增大的趋势;但流量增大将导致节流阀的进油口压力 p_2 增大,破坏定差减压阀阀芯受力平衡,阀芯向阀口开口减小的方向移动,定差减压阀减压作用增强,阀口的压力差增大,使节流阀进油口压力 p_2 降低并恢复到原来值,从而保持节流阀进出油口压力差不变.

2. 温度补偿调速阀

普通调速阀的流量虽然已能基本上不受外部负载变化的影响,但是当流量较小时,节流口的通流面积较小,这时节流口的长度与通流截面水力直径的比值相对增大,因而油液的黏度变化对流量的影响也增大,所以当油温升高后油的黏度变小时,流量仍会增大,为了减小温度对流量的影响,可以采用温度补偿调速阀.

温度补偿调速阀的压力补偿原理部分与普通调速阀相同.据 $q = KA\Delta p^m$ 可知,当 Δp 不变时,由于黏度下降,K 值（$m \neq 0.5$ 的孔口）上升,此时只有适当减小节流阀的开口面积,方能保证 q 不变.图 5-25 为温度补偿调速阀的结构和图形符号,在节流阀阀芯和调节螺钉之间放置一个温度膨胀系数较大的聚氯乙烯推杆.当油温升高时,流量增加,温度补偿杆伸长使节流口变小,补偿了油温对流量的影响.在 $20 \sim 60℃$ 的温度范围内,流量的变化率超过 10%,最小稳定流量可达 $20\text{mL/min}(3.3 \times 10^{-7} \text{m}^3/\text{s})$.

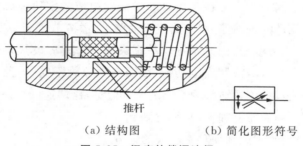

推杆

（a）结构图　　　（b）简化图形符号

图 5-25　温度补偿调速阀

3. 溢流节流阀

溢流节流阀也是一种压力补偿型节流阀,由溢流阀与节流阀并联而成,溢流节流阀的结构和图形符号如图 5-26 所示,由图可知,从液压泵输出的油液一部分从节流阀 4 进入液压缸左腔推动活塞向右运动,另一部分经溢流阀 3 的溢流口流回油箱,溢流阀阀芯的上端 a 腔同节流阀 4 上腔相通,其压力为 p_2,取决于负载;腔 b 和下端腔 c 同溢流阀阀芯 3 前的油液相通,其压力即为泵的压力 p_1.当液压缸活塞上的负载力 F 增大时,压力 p_2 升高,a 腔的压力也升高,溢流阀 3 阀芯下移,关小溢流口,这样就使液压泵的供油压力 p_1 增加,从而确保节流阀 4 的前、后压力差 $p_1 - p_2$ 基本保持不变.这种溢流阀一般附带一个安全阀 2,防止系统过载.

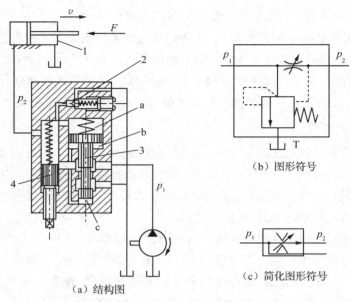

（a）结构图

1:液压缸　2:安全阀　3:溢流阀　4:节流阀

图 5-26　溢流节流阀

　　调速阀和溢流节流阀都是通过压力补偿来保持节流阀两端的压差不变的,但性能和应用上有一定差异.调速阀通常应用在液压泵和溢流阀组成的定压油源供油的节流调速系统中,可以安装在执行元件的进油路、回油路或旁油路上.溢流节流阀一般只用在进油路上,泵的供油压力将随负载压力改变,因此系统功率损失小、效率高、发热量小,这是其最大优点.此外,溢流节流阀本身具有溢流和安全功能,因而与调速阀不同,进油口处不必单独设置溢流阀.溢流节流阀中流过的流量通常为系统的全部流量,比调速阀大,阀芯运动时阻力较大,弹簧较硬,导致节流阀前后压差加大,必须达到 0.3～0.5MPa,因此,它的流量稳定性稍差,一般用于速度稳定性要求不太高而功率较大的系统.

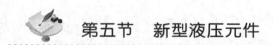

第五节　新型液压元件

一、电液比例阀

　　前面提到的压力和流量控制阀,都是手动调节预定压力和流量的,这样在工作过程中调节会非常不便.随着自动化技术的发展,20 世纪 60 年代末出现并发展了一种新型液压元件——电液比例阀.电液比例阀采用以电气-机械比例转换装置代替普通液压阀的开关型电磁铁或调节手柄,根据输入的电气信号,连续地、按比例地对油液的压力、流量等参数进行控制.它不仅能实现复杂的控制功能,还具有抗污染能力较强、成本较低、响应较快等优点,在液压控制工程中获得越来越广泛的应用.

电液比例阀种类很多,按控制功能可以分为电液比例压力阀、电液比例流量阀、电液比例方向阀和电液比例复合阀(如比例压力流量阀).前两种为单参数控制阀,后两种多为多参数控制阀.电液比例方向阀可以同时控制油液的方向和流量,比例压力流量阀能同时对压力和流量进行比例控制.

按液压放大级的级数,电液比例阀又可分为直动式和先导式.直动式由电气-机械比例转换装置直接推动液压功率级,受电-机械比例转换装置输出力限制,直动式比例阀能控制的功率有限.先导式比例阀由直动式比例阀和能输出较大功率的主阀级构成,前者称为先导阀或先导级,后者称为主阀功率放大级.

1. 电液比例压力阀

电液比例压力阀按用途不同可分为比例溢流阀和比例减压阀.如图 5-27 所示为直动式电液比例溢流阀的结构和图形符号.比例电磁铁 1 通电后产生的吸力通过推杆 2 和传力弹簧 3 作用在锥阀 4 上,当进油口 P 处的压力油作用在锥阀左端的液压力大于电磁吸力时,锥阀打开,油液从出油口 T 溢出.连续地改变控制电流的大小,可连续按比例地控制锥阀的开启压力.锥阀开启后,在某个位置处于平衡.与开关控制型溢流阀不同的是,这种直动式电液比例溢流阀的弹簧 3 在阀的整个工作过程中起传力作用,而不是用来调压的,因此称为传力弹簧.

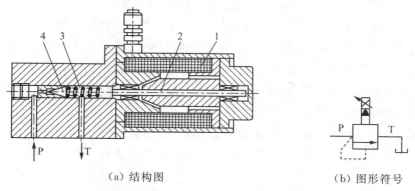

（a）结构图　　　　　　　　　　　（b）图形符号

1:比例电磁铁　2:推杆　3:传力弹簧　4:锥阀

图 5-27　直动式电液比例溢流阀

电液比例溢流阀可实现多级压力控制,目前多用于液压机、注射成型机、轧板机等液压系统.

2. 电液比例流量阀

电液比例流量阀用于控制液压系统的流量,使输出流量与输入电信号成比例.一般意义上的比例流量阀可细分为比例节流阀和比例调速阀两类,后者一般由电液比例节流阀加压力补偿器或流量反馈元件组成.

如图 5-28 所示的直动式电液比例调速阀由直动式比例节流阀与定差减压阀组合而成.当有流量输入时,节流阀芯 2 在比例电磁铁 1 的磁力作用下,与弹簧力、液动力、摩擦力平衡,对应的节流口开度一定.当输入不同的控制电流时便有不同的节流口开度.定差减压阀 3 的作用是保证节流阀前后压力差不变,因此节流口开度不变时流量也恒定.

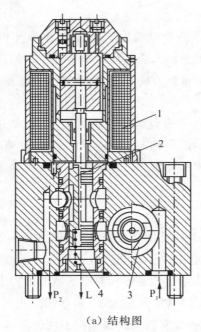

（a）结构图 　　　　（b）图形符号

1:比例电磁铁　2:节流阀芯　3:定差减压阀　4:弹簧

图 5-28　直动式电液比例调速阀

电液比例调速阀主要用于多工位加工机床、注射成型机、抛砂机等速度控制系统中,有很多优越性,能方便地实现自动控制、远程控制和程序控制;能将电的快速性、灵活性等优点与液压传动功率大等优点结合起来,连续、按比例地控制执行元件的力、速度和方向,并能防止压力或速度变化时的冲击现象;能简化系统,减少元件使用量;制造简便,价格比伺服阀低廉,但比普通液压阀高;使用条件、保养和维护与普通液压阀相当,抗污染性能较好.

由此可见,电液比例阀是介于开关型液压阀和伺服阀之间的液压元件.与伺服阀相比,优点是价廉、抗污染能力强,除了在控制精度和响应快速性方面不如伺服阀外,其他方面的性能和控制水平与伺服阀相当,其动、静态性能可以满足大多数工业应用的要求.与传统液压控制阀相比,虽然价格较贵,但良好的控制性能使得其逐渐在控制较复杂,特别是对控制性能要求较高的场合替代传统开关阀.

二、电液伺服阀

电液伺服阀既是电液伺服系统中的电液转换元件,又是功率放大元件,将输入的小功率电气信号转换并放大为液压能(流量和压力)输出,实现执行元件的位移、速度、加速度及力控制.它是电液伺服系统的核心和关键,其性能优劣对系统特性影响很大.

1. 电液伺服阀的组成

电液伺服阀通常由电气-机械转换装置、液压放大器和反馈(平衡)机构三部分组成.

电气-机械转换装置将输入的电信号转换为转角或直线位移输出.输出转角的装置称为力矩马达,输出直线位移的装置称为力马达.

液压放大器接收小功率的电气-机械转换装置输入的转角或直线位移信号,对大功率的油液进行调节和分配,实现控制功率的转换和放大.阀流量较大时,采用两级或三级放大器形式,其中两级应用很广,由液压前置级和功率级组成.液压前置级常用的结构形式有单喷嘴挡板式、双喷嘴滑阀式、射流管式和偏转板射流式.功率级通常采用滑阀结构.

反馈或平衡机构使伺服阀的输出压力或流量与输入电气控制信号成比例,使伺服阀本身成为闭环系统.

2. 电液伺服阀的工作原理

如图 5-29 所示为喷嘴挡板式电液伺服阀的结构和图形符号.图中上半部分为电气-机械转换装置,即力矩马达;下半部分为前置级(喷嘴挡板)和主滑阀.

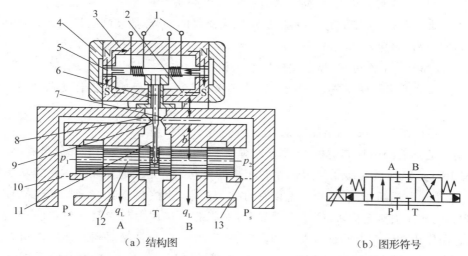

（a）结构图　　　　　　（b）图形符号

1:线圈　2、3:导磁体　4:永磁铁　5:衔铁　6:弹簧管　7、8:喷嘴　9:挡板

10、13:固定节流口　11:反馈弹簧杆　12:主滑阀

图 5-29　喷嘴挡板式电液伺服阀

无控制信号输入时,力矩马达没有力矩输出,衔铁 5 处于平衡位置,挡板 9 停在两个喷嘴 7 和 8 的中间位置,主滑阀阀芯也处于中位.高压油由 P_s 口流入主滑阀,因阀芯两端台肩将阀口关闭,油液不能进入 A、B 口,从 10 和 13 两个固定节流口分别引到两个喷嘴 8 和 7,喷射后,从回油口 T 流回油箱.由于挡板处于中间位置,两喷嘴与挡板间的间隙相等,则油液流经喷嘴的阻力也相等,因此喷嘴前的压力 p_1 和 p_2 相等,即主滑阀阀芯两端压力相等,阀芯保持中位不变.

有控制信号时,控制线圈中产生磁通,衔铁上产生磁力矩,带动挡板组件偏转一个角度,致使阀芯偏离中间位置(如向左移动).图中左喷嘴 8 的间隙减小,右喷嘴 7 的间隙增大,使得压力 p_1 增大,p_2 减小,主滑阀阀芯在两端压力差的作用下向右运动,开启阀口,P_s 口与 B 口连通,A 口与 T 口连通.当主滑阀阀芯向右移动到某一位置时,两端压力差 $p_1 - p_2$ 产生的液压力通过反馈弹簧杆作用在挡板上的力矩、喷嘴液流压力作用在挡板上的力矩以及弹簧管的反力矩之和与力矩马达产生的磁力矩相等时,主滑阀阀芯受力平衡,阀口稳定在一定的开口下工作.改变控制信号的大小,可成比例地调节电磁力矩,从而得到不同的主阀口开口大小.若改变控制信号的极性,则主滑阀阀芯反向移动,实现油液的反向控制.

如图 5-29 所示的电液伺服阀主滑阀阀芯最终工作位置是通过挡板弹性反力反馈作用达到平衡的,称这种阀为力反馈式.除力反馈式以外,伺服阀还有位置反馈式、负载流量反馈式、负载压力反馈式等.

三、插装阀

插装阀的主流产品是二通插装阀,它是 20 世纪 70 年代初出现的一种新型液压元件.它的基本构件为标准化、通用化、模块化程度很高的插装式阀芯、阀套、插装孔和适应各种控制功能的盖板组件,可综合压力、流量、方向多种控制功能于一体,在高压、大功率的液压系统中广泛应用.与普通液压阀相比,插装阀具有如下优点:

(1) 流动阻力小,通流能力大,特别适用于大流量的场合.插装阀的最大通径可达 200～250mm,通过的流量可达 10000L/min.

(2) 结构简单,工作可靠,易于实现标准化和通用化.

(3) 大部分采用锥阀结构,密封性好,内泄漏小,油液流经阀口的压力损失小,无卡死现象.

(4) 阀芯动作灵敏,抗污染能力强,适用于高速开启的场合.

典型二通插装阀由控制盖板 1、阀套 2、弹簧 3、阀芯 4 和阀体 5 等五部分组成,如图 5-30 所示.图中阀套 2、弹簧 3、阀芯 4 及密封件组成的锥阀组件是二通插装阀主级或功率级的主体元件,起主油路通断作用;盖板 1 上设有对锥阀的启、闭控制通道.三个油口,A、B 接主油路,对阀芯的作用力竖直向上;C 接控制油路,对阀芯的作用力与弹簧一致,竖直向下.阀的工作状态由作用在阀芯上的合力大小和方向决定.当 A、B 口油液对阀芯作用之和大于 C 口油液作用力与弹簧力的合力时,锥阀打开,A、B 两油口导通.若 A、B 口压力一定时,改变 C 口压力即可控制 A、B 油口的通断.这样锥阀起到逻辑元件“非”的作用,因此插装式锥阀又被称为逻辑阀.

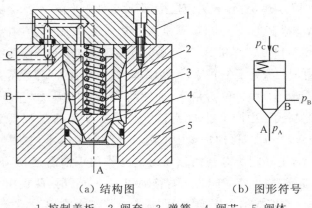

（a）结构图　　　　　（b）图形符号

1:控制盖板　2:阀套　3:弹簧　4:阀芯　5:阀体

图 5-30　二通插装阀的典型结构

二通插装阀通过不同的盖板和各种先导阀组合,便可构成方向控制阀、压力控制阀和流量控制阀.如图 5-31 所示为由二通插装阀组成的几个方向控制阀:图(a)为单向阀,图(b)为二位二通阀,图(c)为二位三通阀,图(d)为二位四通阀.

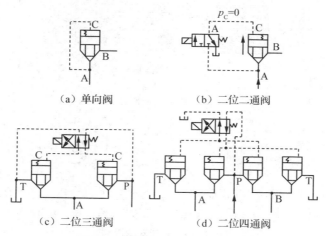

（a）单向阀　　　　（b）二位二通阀

（c）二位三通阀　　　　（d）二位四通阀

图 5-31　插装阀用作方向控制阀

四、叠加阀

叠加阀是一种集成式液压元件,采用这种阀组成液压系统时,不需要另外的连接件,自身的阀体直接叠合即可形成所需液压系统.

叠加阀的工作原理与一般液压阀基本相同,但具体结构和连接尺寸自成系列.每个叠加阀既有液压元件的控制功能,又起到通道体的作用.每种通径系列的叠加阀,其主油路通道和螺栓连接孔的位置都与对应通径的换向阀相同,因此同一通径的叠加阀都能按要求叠加组成各种不同控制功能的系统.叠加阀组成的液压系统具有以下特点:

（1）系统结构紧凑、体积小、重量轻,系统安装简便,装配周期短.

（2）元件之间实现无管连接,消除了因油管、管接头等引起的泄漏、振动和噪声.

（3）整个系统配置灵活、外观整齐,维护保养容易.

（4）液压系统如有变化,改变工况,须增减元件时,组装方便迅速.

（5）标准化、通用化和集成化程度较高.

我国叠加阀现有$\phi 6mm$、$\phi 10mm$、$\phi 16mm$、$\phi 20mm$ 和$\phi 32mm$ 五个通径系列,额定工作压力为 20MPa,额定流量为 10～200L/min.

与一般液压阀一样,叠加阀也分为压力控制阀、流量控制阀和方向控制阀三大类,但方向控制阀仅有单向阀类.如图 5-32 所示为 Y_1-F-10D-P/T 先导型叠加式溢流阀的结构和图形符号,由主阀和先导阀两部分组成,工作原理与一般先导式溢流阀相同.其中 Y 表示溢流阀,F 表示压力等级(20MPa),10 表示 10mm 通径系列,D 表示叠加阀,P/T 表示该元件进油口为 P、出油口为 T,图形符号如图 5-32(b)所示.根据使用情况不同,还有 P_1/T 型,图形符号如图 5-32(c)所示.

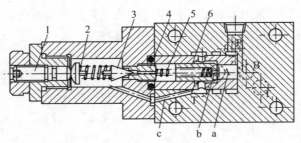

（a）叠加式溢流阀结构

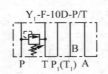

Y₁-F-10D-P/T

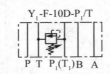

Y₁-F-10D-P₁/T

（b）Y₁-F-10D-P/T 图形符号　　　（c）Y₁-F-10D-P₁/T 图形符号

1：推杆　2、5：弹簧　3：锥阀　4：阀座　6：主阀芯　a：油腔　b：阻尼小孔　c：通道

图 5-32　叠加式溢流阀

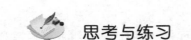 思考与练习

一、填空题

1. 调速阀可使流量稳定,是因为其节流阀前后的压力＿＿＿＿＿＿＿＿.

2. 溢流阀在液压系统中主要起＿＿＿＿＿＿、＿＿＿＿＿＿、＿＿＿＿＿＿和＿＿＿＿＿＿的作用.

3. 液压控制阀按用途不同,可分为＿＿＿＿＿＿、＿＿＿＿＿＿和＿＿＿＿＿＿三大类,分别调节、控制液压系统中液流的＿＿＿＿＿＿、＿＿＿＿＿＿和＿＿＿＿＿＿.

4. 电液换向阀是由＿＿＿＿＿＿和＿＿＿＿＿＿组成的.前者的作用是＿＿＿＿＿＿;后者的作用是＿＿＿＿＿＿.

5. 液压系统中常用的溢流阀有＿＿＿＿＿＿和＿＿＿＿＿＿两种.前者一般用于＿＿＿＿＿＿;后者一般用于＿＿＿＿＿＿.

6. 溢流阀利用＿＿＿＿＿＿油压力和弹簧力相平衡的原理来控制＿＿＿＿＿＿的油液压力.一般＿＿＿＿＿＿外泄口.

7. 叠加阀既有液压元件的＿＿＿＿＿＿功能,又起＿＿＿＿＿＿的作用.

8. 在液压系统中,溢流阀主要起＿＿＿＿＿＿、＿＿＿＿＿＿、＿＿＿＿＿＿和＿＿＿＿＿＿的作用.

9. 调速阀是由＿＿＿＿＿＿和＿＿＿＿＿＿串联而成的,前者起＿＿＿＿＿＿作用,后者起＿＿＿＿＿＿作用.

10. 比例阀与普通液压阀的主要区别在于其阀芯的运动采用＿＿＿＿＿＿＿＿＿＿控制,使输出的压力或流量与＿＿＿＿＿＿成正比.因此,可以通过改变＿＿＿＿＿＿＿＿的方法对压力和流量进行连续控制.

二、判断题

1. 背压阀的作用是使液压缸回油腔中具有一定的压力,保证运动部件工作平衡. (　　)
2. 高压大流量液压系统常采用电磁换向阀实现主油路. (　　)
3. 通过节流阀的流量与节流阀的通流面积成正比,与阀两端的压力差大小无关. (　　)
4. 当将液控顺序阀的出油口与油箱连接时,其即成为卸荷阀. (　　)
5. 直控顺序阀利用外部控制油的压力来控制阀芯的移动. (　　)
6. 液控单向阀正向导通,反向截止. (　　)
7. 顺序阀可用作溢流阀用. (　　)

三、选择题

1. 大流量的系统中,主换向阀应采用(　　)换向阀.

A. 电磁　　　　　　　　B. 电液　　　　　　　　C. 手动

2. 为使减压回路可靠地工作,其最高调定压力应(　　)系统压力.

A. 大于　　　　　　　　B. 小于　　　　　　　　C. 等于

3. 须频繁换向且必须由人工操作的场合,应采用(　　)手动换向阀换向.

A. 钢球定位式　　　　　　　　　　　B. 自动复位式

4. 当运动部件上的挡铁压下阀芯时,使原来不同的油路相同,此时的机动换向阀应为(　　)二位二通阀.

A. 常闭型　　　　　　　　　　　　　B. 常开型

5. 液压系统图中,与三位阀连通的油路一般应画在换向阀符号的(　　)位置上.

A. 左边　　　　　　　　B. 右边　　　　　　　　C. 中间

6. 顺序动作回路可用(　　)来实现.

A. 单向阀　　　　　　　B. 溢流阀　　　　　　　C. 压力继电器

7. 节流阀的节流口应尽量做成(　　)式.

A. 薄壁孔　　　　　　　B. 短孔　　　　　　　　C. 细长孔

8. 减压阀利用(　　)压力油与弹簧相平衡,它使(　　)的压力稳定不变,有(　　).

A. 出油口　　　　　　　B. 进油口　　　　　　　C. 外泄口

9. 在三位换向阀中,中位可使液压泵卸荷的有(　　)型.

A. H　　　　　　　　B. O　　　　　　　　C. K　　　　　　　　D. Y

10. 常用的电磁换向阀用于控制油液的(　　).

A. 流量　　　　　　　　B. 压力　　　　　　　　C. 方向

四、简答题

1. 节流阀和调速阀有何区别,分别应用于什么场合?
2. 溢流阀装反后,会出现什么情况?

3. 把减压阀的进、出口反接后，会出现什么情况？

4. 试说明电液比例溢流阀的工作原理.

5. 在液压系统中，可以作背压阀的元件有哪些？

6. 现有三个外观形状相似的溢流阀、减压阀和顺序阀铭牌脱落，试根据其特点做出准确判断.

7. 弹簧对中型三位四通电液换向阀，其先导阀的中位机能与主阀的中位机能能否任意选定？为什么？

8. 为什么溢流阀的弹簧腔泄漏油采用内泄，而减压阀的弹簧腔的泄漏油必须采用外泄？

9. 单向阀和普通节流阀是否都可以作背压阀用？它们的功用有何不同？

10. 换向阀在液压系统中起什么作用？通常有哪些类型？

五、分析与计算题

1. 在如图 5-33 所示的液压缸中，已知 $A_1 = 30 \times 10^{-4}\, m^2$，$A_2 = 12 \times 10^{-4}\, m^2$，$F = 30 \times 10^3\, N$，液控单向阀用作闭锁，以防止液压缸下滑，阀内控制活塞面积 A_k 是阀芯承压面积 A 的三倍. 若摩擦力、弹簧力均忽略不计，试计算需要多大的控制压力才能开启液控单向阀？开启前液压缸中最高压力为多少？

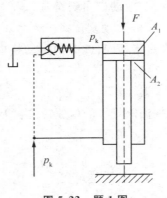

图 5-33　题 1 图

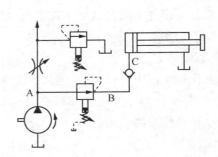

图 5-34　题 2 图

2. 在如图 5-34 所示回路中，溢流阀的调整压力为 5MPa，减压阀的调整压力为 2.5MPa. 试分析下列各情况，并说明减压阀阀口处于什么状态.

(1) 当泵压力等于溢流阀调定压力时，夹紧缸夹紧工件后，A、C 处的压力各为多少？

(2) 当泵压力由于工作缸快进降到 1.5MPa 时（工件原先处于夹紧状态），A、C 处的压力为多少？

(3) 夹紧缸在夹紧工件前做空载运动时，A、B、C 三处的压力各为多少？

3. 在如图 5-35 所示的液压系统中，已知两液压缸有效面积为 $A_1 = A_2 = 100 cm^2$，缸 I 的负载 $F_L = 35000N$，缸 II 运动时负载为零，不计摩擦阻力、惯性力和管路损失. 溢流阀、顺序阀和减压阀的调整压力分别为 4MPa、3MPa 和 2MPa. 求下列三种情况下 A、B 和 C 处的压力.

(1) 液压泵启动后，两换向阀处于中位时.

（2）1YA 通电，液压缸 I 活塞移动时及活塞运动到终点时.

（3）1YA 断电，2YA 通电，液压缸 II 活塞运动时及活塞杆碰到固定挡铁时.

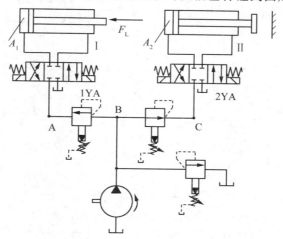

图 5-35　题 3 图

4. 如图 5-36 所示，各溢流阀的调定压力分别为 $p_{Y1}=3\mathrm{MPa}$，$p_{Y2}=2\mathrm{MPa}$，$p_{Y3}=4\mathrm{MPa}$，判断系统中的最大调定压力值.

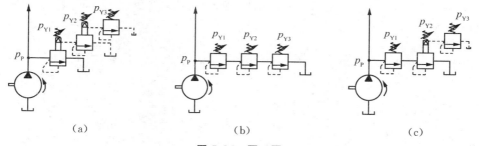

图 5-36　题 4 图

5. 两个调定压力分别为 2MPa 和 4MPa 的减压阀并联，并串接在液压泵出口与夹紧液压缸之间，若泵的出口压力为 8MPa，则夹紧液压缸的夹紧压力为多少？若将上述两个减压阀串联接在液压泵与夹紧液压缸之间，2MPa 的在前，4MPa 的在后，泵的出口压力仍为 8MPa，则夹紧液压缸的夹紧压力为多少？

6. 液压缸的活塞面积为 $A=100\times10^{-4}\mathrm{m^2}$，负载在 500～40000N 的范围内变化，为使负载变化时活塞运动速度稳定，在液压缸进口处使用一个调速阀，若将泵的工作压力调到泵的额定压力 6.3MPa，问是否适宜，为什么？

7. 如图 5-37 所示为插装式锥阀组成方向阀的两个例子，如果阀关闭时 A、B 口有压力差，试判断电磁铁断电和得电时，两个图中的液压油能否将锥阀打开而流动，并分析各自是作 何种换向阀使用.

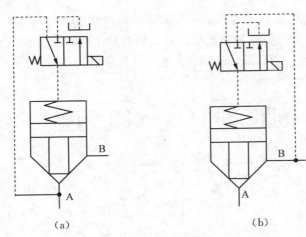

(a)　　　　　　　　　　　　　(b)

图 5-37　题 7 图

8. 试用插装式锥阀实现图 5-38 所示两种形式的三位换向阀.

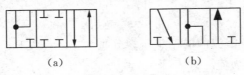

(a)　　　　　　　　　(b)

图 5-38　题 8 图

第六章 液压基本回路

现代设备所用的液压传动系统各不相同且较为复杂,无论液压系统如何复杂,总是由一些能够完成特定功能的基本回路组合而成的.液压传动系统的基本回路,一般按功能分为压力控制回路、速度控制回路、方向控制回路以及其他控制回路.了解和掌握基本回路的原理和作用是分析和设计复杂液压系统的基础.

 ## 第一节 压力控制回路

一、常用压力控制回路

压力控制回路利用压力控制阀来控制整个液压系统或局部油路的工作压力,从而满足执行机构对力或力矩控制的要求,它包括调压、减压、增压、卸荷、保压、泄压以及平衡等多种回路.

1. 调压回路

调压回路的作用是使液压系统整体或部分的压力保持恒定或不超过某个数值.在定量泵系统中,液压泵的供油压力可以通过溢流阀来调节.在变量泵系统中,用溢流阀作安全阀来限定系统的最高压力,防止系统过载.若系统中需要两种以上的压力,则可采用多级调压回路.

(1) 单级调压回路.

如图 6-1(a)所示,系统由定量泵供油,采用节流阀 3 调节进入回路的流量,在液压泵 1 的出口处设置溢流阀 2,使多余的油从溢流阀 2 流回油箱,调节溢流阀便可调节泵的供油压力.

(2) 二级调压回路.

如图 6-1(b)所示为二级调压回路,可实现两种不同的系统压力控制.当二位二通电磁阀 2 处于图示位置时,系统压力由溢流阀 1 调定;当阀 2 上位工作时,远程调压阀 3 起先导作用,控制溢流阀 1 的主阀芯工作,系统压力由阀 3 调定.但阀 3 的调定压力一定要小于阀 1 的调定压力,否则阀 3 不起作用.还可将调压阀 3 直接接在溢流阀 1 的远程控制口上,去掉阀 2,即为远程调压回路.

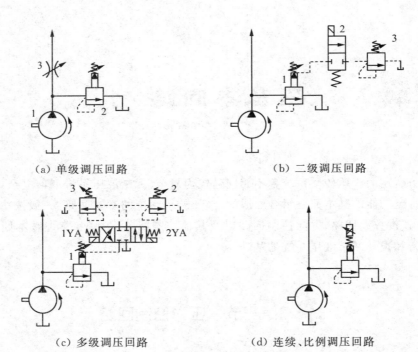

（a）单级调压回路　　　　　　　　　　　（b）二级调压回路

（c）多级调压回路　　　　　　　　（d）连续、比例调压回路

图 6-1　调压回路

（3）多级调压回路.

如图 6-1(c)所示的系统中溢流阀 1~3 组成三级调压回路.当电磁铁 1YA、2YA 均不通电时，系统压力由阀 1 调定；当 1YA 通电时，电磁换向阀左位工作，系统压力由阀 2 调定；当 2YA 通电时，电磁换向阀右位工作，系统压力由阀 3 调节.但在这种调压回路中阀 3 和阀 2 的调定压力要小于阀 1 的调定压力，而阀 3 和阀 2 的调定压力之间没有什么约束.

（4）连续、比例调压回路.

如图 6-1(d)所示，采用电液比例溢流阀可实现无级调压，调节输入电液比例溢流阀的电流值，即可调节系统的工作压力，一般用于负载多变或要求工作压力无级变化的系统.

2. 减压回路

当泵的输出压力是高压而局部回路或支路要求低压时，可以采用减压回路，如机床液压系统中的定位、夹紧、分度以及液压元件的控制油路等，它们往往需要比主油路低的压力.减压回路的实现较为简单，一般是在需要低压的支路上串接减压阀.采用减压回路虽能方便地获得某支路稳定的低压，但压力油经减压阀口时要产生压力损失，这是它的缺点.

最常见的减压回路是通过定值减压阀与主油路相连的回路，如图 6-2(a)所示.图中减压阀出口的单向阀防止主油路压力降低(低于减压阀调整压力)时油液倒流，起短时保压作用.减压回路中也可以采用类似两级或多级调压的方法获得两级或多级减压，如图 6-2(b)所示，利用先导型减压阀 1 的控制油口接一远控溢流阀 2，则可由阀 1、阀 2 各调得一种低压.但要注意，阀 2 的调定值一定要低于阀 1 的调定减压值.

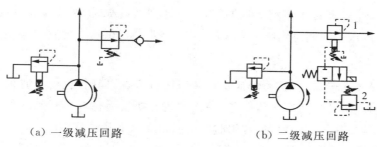

（a）一级减压回路　　　　　　（b）二级减压回路

图 6-2　减压回路

为了使减压回路工作可靠,减压阀的最低调整压力不应小于 0.5MPa,最高调整压力至少应比系统压力小 0.5MPa.当减压回路中的执行元件要调速时,调速元件应放在减压阀的后面,以避免减压阀泄漏(指油液由减压阀泄油口流回油箱)对执行元件的速度产生影响.

3. 增压回路

当液压系统中某一支路的压力需要压力较高但流量又不大的液压油时,若采用高压泵不经济或不能获得如此高压的液压泵,就须采用增压回路.利用增压回路,系统可采用压力较低的液压泵,节省了能源消耗.常用的增压回路有以下两种:

（1）利用增压缸的回路.

如图 6-3 所示是利用双作用增压缸进行增压的回路.图中液压缸 4 活塞向左运动过程中遇到大负载时,系统压力升高,油液经顺序阀 1 进入双作用增压缸 2,不断切换电磁换向阀 3,增压缸 2 的活塞左右往复运动,连续输出高压油进入液压缸 4 的右腔,产生较大的推力.液压缸活塞向右返回时,增压回路不起作用.

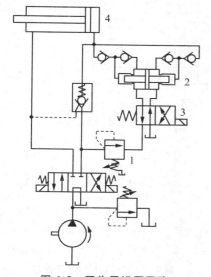

图 6-3　双作用增压回路　　　　　　**图 6-4　串联液压缸增压回路**

（2）利用串联液压缸的回路.

如图 6-4 所示的增压回路,小直径液压缸 4 和大直径液压缸 3 串联.图中液压缸活塞向右运动过程中,负载较小时,顺序阀 1 不工作,液压泵输出的油液全部进入小直径液压缸 4,

大直径液压缸 3 左腔通过单向阀 2 从油箱补油;遇到大负载时,系统压力升高,顺序阀 1 打开,液压泵输出的压力油同时供给大直径和小直径液压缸,低压下可获得很大的输出力.

4. 保压回路

有的机械设备在工作过程中,常常要求液压执行机构在其行程终止时保持一段时间压力,这时须采用保压回路.所谓保压回路,是指系统在执行元件停止运动或仅有微小位移的情况下,稳定地维持住压力的回路.常用的保压回路有以下几种:

(1)利用液压泵的保压回路.

最简单的保压方法是利用泵使系统压力基本保持不变,即开泵保压.但这种方法中,若系统采用的是定量泵,保压时液压泵始终以保压所需的压力(通常较高)工作,输出的压力油几乎全部经溢流阀流回油箱,系统功率损失大、发热严重,因此这种保压方法通常只在所需保压时间较短的小功率系统中使用.若采用变量泵,保压时液压泵压力较高,但输出流量几乎为零,系统功率损失较小,这种保压方法能随时根据泄漏量调节泵的输出流量,效率较高,故应用广泛.

(2)利用蓄能器的保压回路.

如图 6-5 所示的虎钳夹紧液压回路,借助蓄能器来保持系统压力,补偿系统泄漏.当换向阀切换到左位时,活塞向右运动夹紧工件;泵继续输出压力油为蓄能器充压,直到压力升高到卸荷阀设定值,卸荷阀打开泵卸荷;液压缸中泄漏的部分油液由蓄能器补充.当工作压力降低到比卸荷阀所调定的压力还低时,卸荷阀关闭,泵的液压油再继续送往蓄能器.液压缸保压时间长短取决于蓄能器的容量.采用这种保压方法系统可节约能源并降低油温.

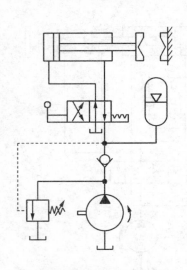

图 6-5　利用蓄能器的保压回路

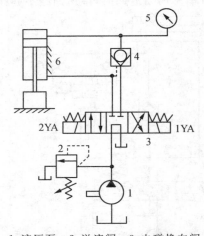

1:液压泵　2:溢流阀　3:电磁换向阀
4:液控单向阀　5:点接触式压力表　6:液压缸

图 6-6　利用液控单向阀的保压回路

(3)利用液控单向阀的保压回路.

如图 6-6 所示为采用液控单向阀和点接触式压力表的保压回路.当电磁换向阀 3 的电磁铁 1YA 得电,液压缸 6 的活塞杆向下运动,接触工件后,液压缸上腔压力上升达到压力表

5 的上限值时,压力表上触点通电,1YA 断电;电磁换向阀 3 回到中位,液压泵卸荷,液压缸由液控单向阀保压.当液压缸上腔压力下降到压力表设定的下限值时,压力表又发出信号,使 1YA 通电,液压泵 1 向液压缸上腔供油,使压力上升.因此,这种保压回路可长时间自动保持液压缸的上腔压力在某一范围内.若单独采用液控单向阀,阀类元件的泄漏会使得回路的保压时间不能维持太久.

5. 卸压回路

由于液压缸在工作过程结束时,先前的进油腔储存了一定的液压能,若迅速换向会产生液压冲击、振动和噪声,甚至导致管道破裂或元件损坏.因此,在缸径大于 25cm、压力大于 7MPa 的液压系统或高压系统保压后,通常设置卸压回路,缓慢释放高压腔内的压力.

如图 6-7 所示为节流阀卸压回路.当电磁换向阀 1 的 2YA 得电,活塞向下运动,向下运动工作行程结束后,2YA 断电,1YA 得电,换向阀 1 切换到左位,液压缸 4 上腔的油经节流阀 2、换向阀 1 左位回油箱而卸压.卸压过程中,卸荷阀 3 受液压缸上腔的压力油作用而打开,泵输出的油液经卸荷阀 3 卸荷,活塞不能回程.当液压缸上腔的压力下降至低于阀 3 的调定压力时,阀 3 关闭,液压缸下腔的压力开始升高,并打开液控单向阀 5,使得活塞向上运动.卸压的速度由单向节流阀 2 中的节流阀来调节.

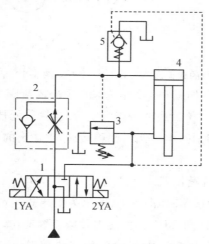

1:电磁换向阀　2:单向节流阀　3:卸荷阀　4:液压缸　5:液控单向阀

图 6-7　节流阀卸压回路

6. 卸荷回路

卸荷回路的功用是在液压泵驱动电动机不频繁启闭的情况下,使液压泵在功率输出接近于零的情况下运转,以减少功率损耗,降低系统发热,延长泵和电动机的寿命.液压系统工作中,有时执行元件短时间停止工作,无须液压系统传递能量,或者执行元件在某段工作时间内保持一定的力,而运动速度极慢,甚至停止运动,在这种情况下,无须液压泵输出油液,或只需要很小流量的液压油,为了减少功率损失系统应采用卸荷回路使液压泵卸荷.液压泵的输出功率为其输出流量和压力的乘积,因而,两者任一近似为零,功率损耗即近似为零.因此,液压泵的卸荷有流量卸荷和压力卸荷两种方式.流量卸荷主要使用变量泵,卸荷时泵仅补偿泄漏量,但仍处在高压状态下运行,磨损比较严重.压力卸荷的方法是使泵在接近零压下运转,常见的压力卸荷方式有以下几种:

(1) 执行元件无须保压的卸荷回路.

① 利用换向阀中位机能卸荷.如图 6-8 所示为采用 M 型(或 K 型、H 型)中位机能换向阀实现液压泵卸荷的回路.当换向阀处于中位时,液压泵出口直通油箱,泵卸荷.因回路须保持一定的控制压力以操纵执行元件,故在泵出口安装单向阀.

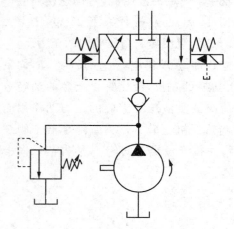

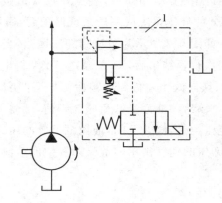

1:电磁溢流阀

图 6-8 采用换向阀中位机能的卸荷回路　　　　**图 6-9 采用电磁溢流阀的卸荷回路**

② 利用电磁溢流阀卸荷.如图 6-9 所示为采用电磁溢流阀 1 的卸荷回路.电磁溢流阀是带遥控口的先导式溢流阀与二位二通电磁阀的组合.当执行元件停止运动时,二位二通电磁阀得电.此时溢流阀的遥控口通过电磁阀与油箱接通,泵输出的油液以很低的压力经溢流阀回油箱,实现泵卸荷.

(2) 执行元件须保压的卸荷回路.

① 限压式变量泵的卸荷回路.如图 6-10 所示为限压式变量泵的卸荷回路.当系统压力升高达到变量泵压力调节螺钉调定压力时,压力补偿装置动作,液压泵输出流量随供油压力升高而减小,直到维持系统压力所必需的流量,回路实现保压卸荷,系统中的溢流阀作安全阀用,以防止泵的压力补偿装置失效而导致压力异常.

② 采用卸荷阀的卸荷回路.如图 6-11 所示为用蓄能器保持系统压力,用卸荷阀使泵卸荷的回路.当电磁铁 1YA 得电时,泵和蓄能器同时向液压缸左腔供油,推动活塞右移,接触工件后,系统压力升高.当系统压力升高到卸荷阀 1 的调定值时,卸荷阀打开,液压泵通过卸荷阀卸荷,而系统压力用蓄能器保持.若蓄能器压力降低到允许的最小值时,卸荷阀关闭,液压泵重新向蓄能器和液压缸供油,以保证液压缸左腔的压力在允许的范围内.图中的溢流阀2 当安全阀用.

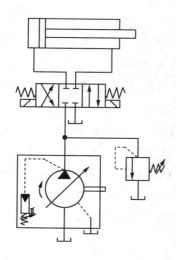

图 6-10 限压式变量泵的卸荷回路

1:卸荷阀 2:溢流阀

图 6-11 采用卸荷阀的卸荷回路

7. 平衡回路

为了防止垂直或倾斜放置的液压缸和与之相连的工作部件由于自重而自行下落,或在下行运动中由于自重而造成超速运动,使之运动不平稳,可采用平衡回路.通常在液压缸下行的回油路上设置一顺序阀,使之产生适当的阻力,以平衡自重.

如图 6-12(a)所示为采用内控式单向顺序阀(也称平衡阀)的平衡回路.单向顺序阀的调定压力应稍大于由工作部件自重而在液压缸下腔形成的压力.液压缸不工作时,单向顺序阀关闭,工作部件不会自行下行.当 1YA 通电后,液压缸上腔通压力油,当下腔背压力大于顺序阀的调定压力时,顺序阀开启.由于自重得到平衡,活塞可以平稳地下落,不会产生超速现象.当 2YA 通电后,活塞上行.当活塞下行时,这种回路的功率损失大.由于活塞停止时,单向顺序阀的泄漏使运动部件缓慢下降,所以该回路适用于工作部件重量不大,活塞锁住时定位要求不高的场合.

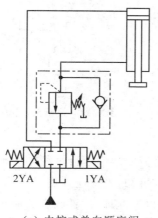

（a）内控式单向顺序阀

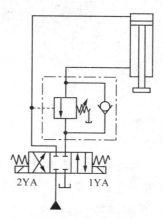

（b）外控式单向顺序阀

图 6-12 采用顺序阀的平衡回路

如图 6-12(b) 所示为采用外控式单向顺序阀的平衡回路. 当换向阀处于中位时, 外控式顺序阀关闭, 使工作部件停止运动并能防止其因自重而下落. 当 2YA 通电后, 活塞向上运动. 当 1YA 通电后, 液压油进入液压缸上腔, 并进入外控式顺序阀的控制口, 打开顺序阀, 液压缸下腔回油, 背压消失, 活塞下行, 运动部件的势能得以利用, 回路效率较高. 但在活塞下行, 由于自重作用而运动部件下降过快时, 液压缸上腔的油压必然降低, 外控式顺序阀的开口关小, 阻力增大, 从而阻止活塞迅速下降; 当外控式顺序阀关小时, 液压缸下腔的背压上升, 上腔油压也上升, 又使液控顺序阀的开口开大. 因此, 液控顺序阀的开口处于不稳定状态, 系统平稳性较差(严重时会出现断续运动的现象). 由上述可知, 这种回路适用于运动部件的重量有变化, 重量不太重, 停留时间较短的液压系统. 起重机就是采用的这种回路. 为了提高系统的平稳性, 可在控制油路上装一节流阀, 使液控顺序阀的启闭动作减慢, 也可在液压缸和液控顺序阀之间加一单向节流阀.

二、回路设计训练

1. 任务概述

如图 6-13 所示的是传送带传送工件经过烘箱, 为使传送带不脱离滚轴, 必须使运动的滚筒一头固定, 滚筒的另一头用液压缸来修正. 试设计该液压缸的驱动回路.

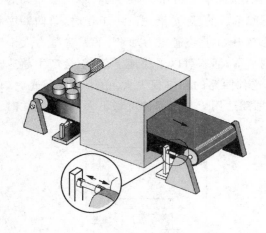

图 6-13　工件烘箱示意图

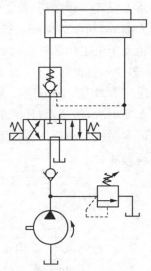

图 6-14　烘箱传输带液压回路

2. 需求分析

由图 6-13 可知滚筒位置要满足可以双向调整, 而传送带运行过程中无须实时调整滚筒位置, 且滚筒位置调定后应保持不动. 根据以上要求可知, 系统应采用双作用液压缸, 无须调整滚筒位置时液压泵应处于卸荷状态, 以减少功率损失; 滚筒位置调定后应防止因阀门漏油而引起活塞杆来回蠕动, 即系统须进行保压.

3. 参考回路

参考回路如图 6-14 所示,利用中位为 M 型的三位四通换向阀实现液压泵卸荷,利用液控单向阀可防止双作用液压缸因漏油来回蠕动.

 ## 第二节　速度控制回路

一、常用速度控制回路

速度控制回路是指对液压执行元件的运动速度进行调节和变换的回路.

1. 调速回路

调速是为了满足液压执行元件对工作速度的要求,在不考虑液压油的压缩性和泄漏的情况下,改变输入液压执行元件的流量或改变液压缸的有效面积(或液压马达的排量)均可达到改变速度的目的.但改变液压缸有效面积的方法在实际中是不现实的,因此,只能改变进入执行元件的流量或采用变量液压马达来调速.常用的调速回路有节流调速、容积调速和容积节流调速三种形式.

(1) 节流调速回路.

节流调速回路采用定量泵,通过改变回路中流量控制元件(节流阀或流量阀)通流截面积的大小来改变流入或流出执行元件的流量,达到调速的目的.这种调速回路具有结构简单、工作可靠、成本低、使用维护方便、调速范围大等优点;但其能量损失大、效率低、发热大,因此常用于功率不大的系统中.

按照流量控制元件在回路中的位置不同,节流调速回路分为三种基本形式,即进油节流调速、回油节流调速和旁路节流调速.

① 进油节流调速回路.

如图 6-15 所示为采用节流阀的进油节流调速回路,节流阀串联在液压泵和液压缸之间.液压泵输出的油液,一部分经节流阀进入液压缸工作腔而推动活塞移动,多余的油液则经溢流阀流回油箱,溢流是这种调速回路能够正常工作的必要条件.由于溢流阀有溢流,泵的出口压力就是溢流阀的调定压力并基本保持定值.调节节流阀的通流面积,即可调节通过节流阀的流量,从而调节液压缸的运动速度.

该回路的速度负载特性曲线如图 6-16 所示,以活塞运动速度 v 为纵坐标,负载 F 为横坐标,不同节流阀通流面积 A_T 组成一组曲线.由图 6-16 可以看出:

a. 液压缸的运动速度 v 和节流阀通流面积 A_T 成正比,调节 A_T 可实现无级调速,这种回路的调速范围较大(最高速度与最低速度之比可高达 100).

b. 当 A_T 调定后,速度随负载的增大而减小,故这种调速回路的速度负载特性软,即速度刚性差.其重载区域比轻载区域的速度刚度差.

　　c. 在相同的负载条件下,节流阀通流面积大的比小的速度刚性差,即速度高时的速度刚性差.

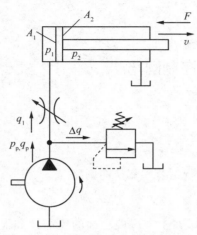

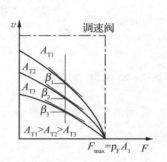

图 6-15　进油节流调速回路　　　　　　**图 6-16　进油节流调速回路速度负载特性曲线**

　　无论节流阀的通流面积 A_T 为何值,当负载 $F = p_p A_1$(p_p 为泵的出口压力)时,节流阀两端的压力差 Δp 为零,活塞停止运动,此时液压泵输出的流量全部经溢流阀流回油箱.因此,此时的 F 值就是该回路的最大承载能力值,即 $F_{max} = p_p A_1$.

　　根据以上分析,这种调速回路在轻载、低速时有较高的速度刚度,故适用于低速、轻载的场合,但这种情况下功率损失较大,效率较低.

　　② 回油节流调速回路.

　　如图 6-17 所示为采用节流阀的回油节流调速回路,节流阀串联在液压缸的回油路上,借助于节流阀控制液压缸的排油量 q_2 来实现速度调节.由于进入液压缸的流量 q_1 受回油路排出流量 q_2 的限制,所以用节流阀来调节液压缸的排油量 q_2,也就调节了进油量 q_1,定量泵多余的油液仍经溢流阀流回油箱,从而使泵出口的压力稳定在调整值不变.

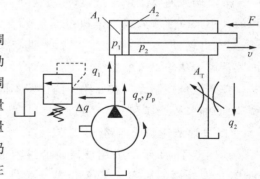

图 6-17　回油节流调速回路

　　回油节流调速回路的速度特性、负载特性和功率特性与进油节流调速回路基本相同,不同点主要有:

　　a. 承受负值负载的能力.负值负载是指负载力 F 的方向与执行元件运动方向相同的负载.对于回油节流调速,由于回油路上有节流阀而产生背压,且速度越快,背压也越高,因此具有承受负值负载的能力;但对于进油节流调速,由于回油腔没有背压,在负值负载作用下,会出现失控而造成前冲,因而不能承受负值负载.

　　b. 停车后的启动性能.长期停车后液压缸油腔内的油液会流回油箱,当液压泵重新给液压缸供油时,对于回油节流调速回路,进油路上没有流量控制,会造成活塞前冲现象;而在进油节流调速回路中,进入液压缸的流量总是受到节流阀的限制,故活塞前冲很小,甚至没有前冲.

c. 实现压力控制的方便性.回油节流调速回路中,只有回油腔的压力会随负载而变化,当工作部件碰到死挡铁后,其压力降为零,虽然可用这一压力变化来实现压力控制,但其可靠性低,故一般均不采用;但在进油节流调速回路中,进油腔的压力将随负载而变化,当工作部件碰到死挡铁而停止时,其压力升高并能达到溢流阀的调定压力,利用这一压力变化值,可方便地实现压力控制(例如用压力继电器发出信号).

d. 运动平稳性.在回油节流调速回路中,由于有背压存在,可以起到阻尼作用,同时空气不易渗入,使液压缸低速运动时不易爬行,运动平稳性较好;但对于单活塞杆液压缸,由于无杆腔的进油量大于有杆腔的回油量,进油节流调速回路的节流阀通流面积较大,低速时不易堵塞,所以能获得更低的稳定速度.

e. 发热及泄漏的影响.油液经过节流阀阀口时的压力损失会转换为热量使油温升高.
回油节流调速回路中,热油直接排回油箱,经过充分散热和冷却后,再进入系统,对系统泄漏影响较小;而进油节流调速回路中,黏度降低的热油直接进入系统,使液压缸和其他元件的泄漏增加.

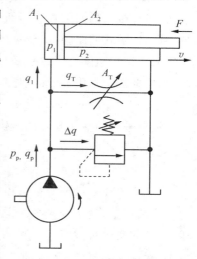

为了提高回路的综合性能,实际中较多采用进油节流调速,并在回油路上加背压阀,以提高运动的平稳性.

③ 旁路节流调速回路.

如图 6-18 所示为采用节流阀的旁路节流调速回路,节流阀装在与执行元件并联的支路上.节流阀调节流回油箱的流量,从而控制进入液压缸的流量,调节节流阀的通流面积,可实现调速.系统中的溢流阀作安全阀用,正常工作时溢流阀不打开,起过载保护作用,其调整压力为最大负载所需压力的 $1.1\sim1.2$ 倍.

图 6-18 旁路节流调速回路

旁路节流调速回路的速度负载特性曲线如图 6-19 所示,由图可见:

a. 开大节流阀开口,活塞运动速度减小;关小节流阀开口,活塞运动速度增加.

b. 当节流阀调定后,负载增加时活塞运动速度显著下降,其速度负载特性比进、回油路调速更软.负载越大,速度刚度越大.

c. 当负载一定时,节流阀通流面积 A_T 越小,速度刚度越大.

d. 因为 $p_p=p_1=\dfrac{F}{A_1}$,即液压泵出口压力随负载而变化,

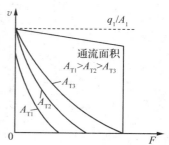

图 6-19 旁路节流调速回路的速度负载特性曲线

同时回路中只有节流功率损失,无溢流功率损失,因此这种回路的效率较高,发热小.

旁路节流调速回路能够承受的最大负载随着节流阀通流面积 A_T 的增加而减小.当通流面积 A_T 达到一定值时,泵的全部流量经节流阀流回油箱,活塞停止运动.因此,这种调速回路在低速时承载能力低,调速范围小.

从旁路节流调速回路的性能看,由于无溢流阀的功率损失,系统压力随负载而变,系统效率比进油、回油节流调速回路高,尤其是在节流阀开口较小、负载较大时,效率较高,且刚度也大,因此该回路宜用在负载变化小,对运动平稳性要求低的高速、大功率场合,例如,牛头刨床的主运动传动系统、输送机械的液压系统等.

(2) 容积调速回路.

容积调速回路是用改变液压泵或马达的排量来实现调速的.该回路中液压泵输出的流量与负载流量相适应,没有溢流和节流损失,回路效率高、发热少,且具有较好的静、动态特性,缺点是变量泵和变量马达的结构较复杂、成本较高,常用于高速、大功率的液压系统.

按油路循环方式不同,容积调速回路有开式回路和闭式回路两种.开式回路中泵从油箱吸油,执行机构的回油直接回到油箱,油箱容积大,油液能得到较充分冷却,但空气和脏物易进入回路.闭式回路中,液压泵将油输出至执行机构的进油腔,又从执行机构的回油腔吸油.闭式回路结构紧凑,只需很小的补油箱,但冷却条件差,温升大,对过滤要求高,结构也较复杂.为了补偿工作中油液的泄漏,一般设补油泵,补油泵的流量为主泵流量的 10%~15%.压力调节为 $3×10^5 ~ 10×10^5$ Pa.

根据采用的液压泵和液压执行元件的结构及组合形式不同,容积调速回路可分为变量泵-定量液压执行元件、定量泵-变量马达以及变量泵-变量马达三种调速回路.

① 变量泵-定量液压执行元件调速回路.

如图 6-20 所示为变量泵和定量液压执行元件组成的容积调速回路.图 6-20(a)中执行元件为液压缸,改变变量泵的排量即可调节活塞的运动速度 v.安全阀 2 限制回路中的最大压力,只有系统过载时才打开.值得注意的是,在这种回路中,因泵的泄漏量随负载的增加而增加,致使活塞运动速度随负载的加大而略有减小.

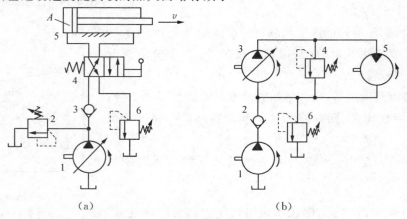

(a)   (b)

图 6-20 变量泵-定量液压执行元件调速回路

图 6-20(b)中执行元件为定量液压马达 5.回路中压力管路上的安全阀 4 起安全作用,用以防止回路过载.低压管路上连接一个小流量的辅助油泵 1,以补偿泵 3 和马达 5 的泄漏,其供油压力由溢流阀 6 调定.辅助泵与溢流阀使低压管路始终保持一定压力,不仅改善了主泵的吸油条件,而且可置换部分发热油液,降低系统温升.若不计损失,马达的转速 $n_M = \dfrac{q_p}{V_M}$,输出转矩 $T = \Delta p_M \dfrac{V_M}{2\pi}$,式中,$q_p$ 为液压泵出口流量,V_M 为液压马达的排量,Δp_M 为液压马达进、出口压力差.因为液压马达的排量为定值,系统工作压力由安全阀限制,故调节变量泵的流量 q_p 即可对马达的转速 n_M 进行调节,马达的输出功率 $P = \Delta p_M V_M n_M$ 与转速 n_M 成正比,输出转矩恒定不变,所以本回路的调速方式称为恒转矩调速.

② 定量泵-变量马达调速回路.

定量泵与变量马达组成的容积调速回路如图 6-21 所示.如图 6-21(a)所示为开式回路,由定量泵 1、变量马达 2、安全阀 3、换向阀 4 组成;如图 6-21(b)所示为闭式回路,1、2 为定量泵和变量马达,3 为安全阀,4 为低压溢流阀,5 为补油泵.

图 6-21(b)中,定量泵 1 输出流量不变,马达的转速 $n_M = \dfrac{q_p}{V_M}$,改变马达的排量 V_M 即可调节马达的转速.在这种回路中,马达的输出功率 $P = \Delta p_M V_M n_M = \Delta p_M q_p$ 恒定不变,故这种回路称为恒功率调速回路.液压马达的输出转矩 $T_M = \dfrac{\Delta p_M V_M}{2\pi}$ 与马达的排量 V_M 成正比.

上述调速回路能适应机床主运动所要求的恒功率调速的特点,但因 V_M 不能调得过小(此时输出转矩将很小,甚至不能带动负载),故限制了转速的提高.这种调速回路的调速范围较小,目前已很少单独使用.

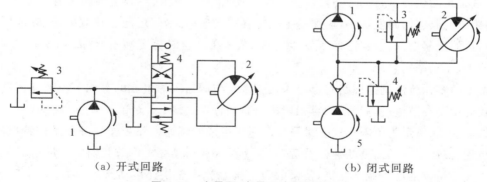

(a) 开式回路　　　　　　　　　　(b) 闭式回路

图 6-21　定量泵-变量马达调速回路

③ 变量泵-变量马达调速回路.

如图 6-22 所示为双向变量泵和双向变量马达组成的容积调速回路.变量泵 1 正向或反向供油,马达也正向或反向旋转.单向阀 7 和 9 使溢流阀 3 在两个方向都能起过载保护作用,从而起安全阀的作用.单向阀 6 和 8 用于使补油泵 4 能双向补油.

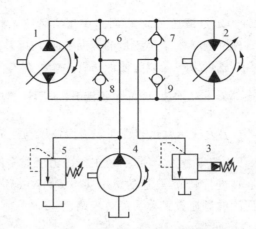

图 6-22　变量泵-变量马达调速回路

一般工作部件在低速时要求有较大的转矩,在高速时又希望输出功率能基本不变.因此,当变量液压马达的输出转速 n_M 由低向高调节时,可分为以下两个阶段:

a. 第一阶段,应先将变量液压马达的排量调为最大,然后改变泵的排量使其逐渐增大,液压马达的转速 n_M 从 n_{Mmin} 逐渐升高.此阶段属于恒转矩调速.

b. 第二阶段,将变量泵的流(排)量固定在最大,然后调节变量液压马达,使它的排量由最大逐渐减小,变量液压马达的转速逐渐升高到 n_{Mmax}.此阶段属于恒功率调速.

由以上分析可见,这种调速回路是前两种调速回路的组合,因此扩大了回路的调速范围、液压马达的转矩和功率输出特性的可选择性.

(3) 容积节流调速回路.

容积节流调速回路由变量泵供油,用流量阀改变进入液压缸的流量,以实现工作速度的调节,这时泵的供油量自动地与液压缸所需的流量相适应.这种调速回路没有溢流损失,效率高,比节流调速回路发热小,速度稳定性比容积调速回路好;但随着负载的增加,液压泵或液压马达的泄漏增加,会引起速度发生变化,尤其在低速时稳定性较差,因此常用在调速范围大的中、小功率场合.

常用的容积节流调速回路有由限压式变量泵与调速阀等组成的容积节流调速回路和由变压式变量泵与节流阀等组成的容积调速回路两种形式.

如图 6-23 所示为由限压式变量泵与调速阀组成的调速回路工作原理和工作特性图.在图示位置,液压缸 4 的活塞快速向右运动,泵 1 按快速运动要求调节其输出流量 q_{max},同时调节限压式变量泵的压力调节螺钉,使泵的限定压力 p_c 大于快速运动所需压力[图 6-23(b)中 AB 段].当换向阀 3 通电,泵输出的压力油经调速阀 2 进入缸 4,其回油经背压阀 5 回油箱.调节调速阀 2 的流量 q_1 就可调节活塞的运动速度 v,由于 $q_1 < q_p$,压力油迫使泵的出口与调速阀进口之间的油压憋高,即泵的供油压力升高,泵的流量便自动减小到 $q_p \approx q_1$ 为止.由图 6-23(b)可知,这种回路只有节流损失而无溢流损失.

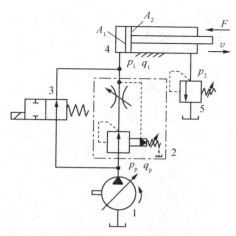 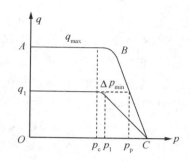

1:变量泵　2:调速阀　3:换向阀　4:液压缸　5:背压阀

（a）调速原理图　　　　　　　　　　　（b）调速特性图

图 6-23　限压式变量泵调速阀容积节流调速回路

　　由限压式变量泵与调速阀等组成的容积节流调速回路的运动稳定性、速度负载特性、承载能力和调速范围均与采用调速阀的节流调速回路相同,具有效率较高、调速较稳定、结构较简单等优点.目前已广泛应用于负载变化不大的中、小功率组合机床的液压系统中.

　　（4）调速回路的性能比较与选用.

　　不同调速回路的性能比较如表 6-1 所示,选用时主要考虑以下问题:

表 6-1　调速回路性能比较

性能 调速回路		节流调速回路				容积调速回路	容积节流调速回路	
		用节流阀		用调速阀			限压式	稳流式
		进回油	旁路	进回油	旁路			
机械特性	速度稳定性	较差	差	好		较好	好	
	承载能力	较好	较差	好		较好	好	
调速范围		较大	小	较大		大	较大	
功率特性	效率	低	较高	低	较高	最高	较高	高
	发热	大	较小	大	较小	最小	较小	小
适用范围		小功率、轻载的中、低压系统				大功率、重载的高速的中、高压系统	中、小功率的中压系统	

　　① 执行机构的负载性质、运动速度、速度稳定性等要求.负载小,且工作中负载变化也小的系统可采用节流阀节流调速;在工作中负载变化较大且要求低速稳定性好的系统,宜采用调速阀节流调速或容积节流调速;负载大、运动速度高、油的温升要求小的系统,宜采用容积调速回路.一般来说,功率在 3kW 以下的液压系统宜采用节流调速;功率为 3～5kW 的宜采用容积节流调速;功率在 5kW 以上的宜采用容积调速回路.

　　② 工作环境要求.在温度较高的环境下工作,且要求整个液压装置体积小、重量轻的情况,宜采用闭式回路的容积调速.

③ 经济性要求.节流调速回路的成本低,功率损失大,效率也低;容积调速回路因变量泵、变量马达的结构较复杂,所以价钱高,但其效率高、功率损失小;而容积节流调速回路则介于两者之间.须综合分析选用哪种回路.

2. 快速运动回路

为了提高生产效率,机床工作部件常常要求实现空行程(或空载)的快速运动.这时要求液压系统流量大而压力低.快速运动回路又称增速回路,功能在于实现快速运动时,尽量减小需要液压泵输出的流量,或者加大液压泵的输出流量后,工作运动时不至于引起过多的能量消耗.常用的快速运动回路有以下几种:

(1)液压缸差动连接的快速运动回路.

液压缸差动连接的快速运动回路(如图 6-24 所示)是在不增加液压泵输出流量的情况下,提高工作部件运动速度的一种快速回路,其实质是改变了液压缸的有效作用面积.当电磁阀 1 的电磁铁 1YA 和电磁阀 2 的电磁铁 3YA 同时得电,液压缸 3 差动连接,活塞向右快速运动.差动连接是实现活塞单出杆式液压缸快速运动的一种简单经济的方法.

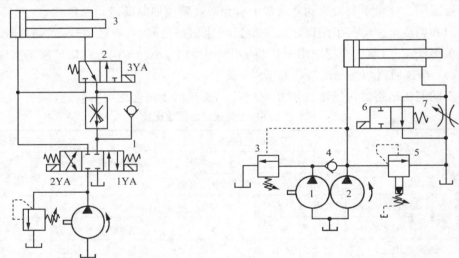

图 6-24 液压缸差动连接的快速运动回路   图 6-25 双泵供油快速运动回路

(2)双泵供油快速运动回路.

如图 6-25 所示为双泵供油快速运动回路.回路利用低压大流量泵 1 和高压小流量泵 2 并联为系统供油.泵 1 和泵 2 共同向系统供油时,液压缸活塞向右快速运动;系统压力高于卸荷阀 3 的设定压力后,泵 1 卸荷,泵 2 单独向系统供油,系统工作压力由溢流阀 5 控制.单向阀 4 的作用是防止泵 2 单独供油时压力油倒灌进泵 1.这种双泵供油回路功率利用合理、效率高,并且速度换接较平稳,在快、慢速度相差较大的机床中应用很广泛.

(3)采用蓄能器的快速运动回路.

如图 6-26 所示为采用蓄能器的快速运动回路.采用蓄能器的目的是可以用较小的液压泵实现快速运动.泵和蓄能器同时供油,实现快速运动.

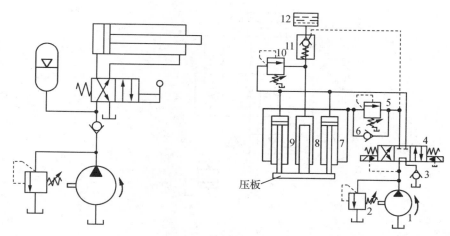

1:液压泵 2:溢流阀 3、6:单向阀 4:换向阀 5、10:顺序阀
7、9:辅助液压缸 8:主液压缸 11:液控单向阀 12:补充油箱

图 6-26 采用蓄能器的快速运动回路　　　**图 6-27 带辅助缸的快速运动回路**

（4）带辅助缸的快速运动回路.

大型压床为确保加工精度,都使用柱塞式液压缸.柱塞式液压缸在前进时需要非常大的流量;在后退时几乎不需要什么流量.这两个问题使泵的选用变得非常困难,如图 6-27 所示的回路就可解决此难题.

如图 6-27 所示,将三位四通换向阀 4 移到阀左位时,泵 1 输出的压力油全部送到辅助液压缸 7、9,辅助液压缸带动主液压缸 8 下降,而主液压缸的压力油由上方油箱 12 经液控单向阀 11 注入;当压板碰到工件时,管路压力上升,顺序阀 10 被打开,高压油注到主液压缸.当换向阀移到右位时,泵输出的压力油流入辅助液压缸,压板上升,液控单向阀逆流油路被打开,主液压缸的回油经液控单向阀流回上方的油箱.回路中的顺序阀 5 用作平衡阀,是为平衡压板及柱塞的重量而设计的.在此回路中因使用补充油箱,故换向阀及平衡阀的选择依泵的流量而定,且泵的流量可较小.

3. 速度换接回路

速度换接回路是使液压执行元件在一个工作循环内从一种运动速度换接到另一种运动速度的回路,包括快速与慢速的换接,也包括两种慢速之间的换接.

（1）快速与慢速的换接回路.

能够实现快速与慢速换接的方法很多,图 6-24 中的差动回路可以使液压缸的运动由快速转换为慢速.如图 6-28 所示为采用行程阀来实现快慢速度换接的回路.在图示状态下,泵输出的油液全部进入液压缸的左腔,工作部件实现快速运动.当运动部件的挡铁压下行程阀 4 时,行程阀关闭,液压缸右腔的油液必须通过调速阀 5 才能流回油箱,因而工作运动部件由快速运动转换成工作进给.当换向阀 2 处在左工作位时,泵输出的压力油经单向阀 6 进入液压缸右腔,工作运动部件实现快速退回运动.

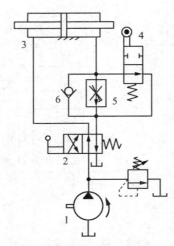

1:液压泵　2:换向阀　3:活塞双出杆液压缸　4:行程阀　5:调速阀　6:单向阀

图 6-28　采用行程阀的速度切换回路

(2) 两种慢速的换接回路.

对于某些自动机床、注塑机等,须在自动工作循环中变换两种以上的工作进给速度,这时须采用两种(或多种)工作进给速度的换接回路.

① 并联调速阀的二次进给换接回路.

如图 6-29(a) 所示为两个调速阀并联式速度换接回路.换向阀 5 处在不同的工作位置可以选择调速阀 3 或 4 独立工作.当一个调速阀工作时,另一个调速阀没有油液通过,则没有油液通过的调速阀内部的定差减压阀开口处于最大位置;速度换接开始瞬间会有大量油液通过该开口,导致工作部件产生突然前冲现象.因此,该回路适用于预先有速度换接的场合,不宜用在工作过程中的速度换接.

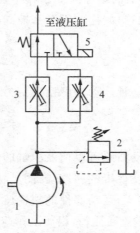

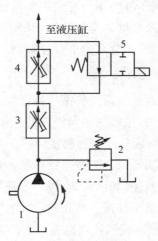

（a）两个调速阀并联式　　　　　　　　　　（b）两个调速阀串联式

1:液压泵　2:溢流阀　3、4:调速阀　5:换向阀

图 6-29　速度切换回路

② 串联调速阀的二次进给换接回路.

如图 6-29(b)所示为两个调速阀串联的速度换接回路.换向阀 5 处在不同的工作位置可以选择由调速阀 3 单独控制或由调速阀 3 和 4 共同控制液压油流量.在这种回路中,调速阀 4 的开口必须小于调速阀 3 的开口,速度换接较平稳,但由于油液经过两个调速阀,所以能量损失较大.

二、回路设计训练

1. 任务概述

如图 6-30 所示的平面磨床工作台进给运动靠液压缸驱动,为保证进给的尺寸精度,采用了死挡铁停留来限位.要求工作台进给速度可调,且可实现以下自动工作循环:

(1)快进→工进→死挡铁停留→快退→原位停止.

(2)快进→一工进→二工进→死挡铁停留→快退→原位停止.

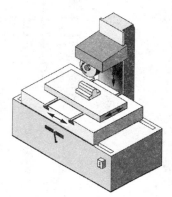

图 6-30 平面磨床工作台

2. 需求分析

根据工作台功能需求可知,系统需要调速回路对液压缸的运动速度进行控制.系统须提供三种液压缸运动速度,即快进、一工进、二工进,可以采用快速回路和两个慢速的速度换接回路.

3. 参考回路

参考回路如图 6-31 所示,回路采用变量泵供油,电液动换向阀换向,快进由液压缸差动连接来实现,用行程阀实现快进与工进的转换,用二位二通电磁换向阀实现两个工进速度之间的转换.自动工作循环由电磁铁和行程阀的动作顺序实现,如表 6-2 所示,"+"表示电磁铁通电或行程阀压下,"-"表示电磁铁断电或行程阀原位.

(1)快进.电磁铁 1YA 得电,换向阀 7 的左位接入系统.进油路:过滤器 1→变量泵 2→单向阀 3→换向阀 7→行程阀 11→液压缸左腔;回油路:液压缸右腔→换向阀 7→单向阀 6→行程阀 11→液压缸左腔,形成差动连接.此时由于负载较小,系统工作压力较低,液控顺序阀 5 关闭,液压缸差动连接,且变量泵 2 低压下输出流量较大,因此工作台快速前进.

(2)一工进.工作台运动到预定位置时,控制挡铁压下行程阀 11,切断快进油路,换向阀 7 的工作状态不变,压力油经调速阀 8、二位二通阀 12 进入液压缸的左腔.由于油液流经调速阀使得阀前的系统压力升高,关闭单向阀 6、打开液控顺序阀 5,则液压缸右腔的油液经顺序阀 5、背压阀 4 流回油箱,工作台运动速度转换为一工进速度.进油路:过滤器 1→变量泵 2→单向阀 3→换向阀 7→调速阀 8→电磁阀 12→液压缸左腔;回油路:液压缸右腔→换向阀 7→顺序阀 5→背压阀 4→油箱.工作进给时系统压力升高,变量泵 2 的输出流量自动减小,适应工作进给的需要,调节调速阀 8 即可控制一工进速度.此时系统采用进油路节流调速回路,回油路上增加背压阀提高运动稳定性.

（3）二工进. 工作台第一次工作进给结束时，挡铁压下相应的行程开关，发出信号使电磁铁 3YA 得电，电磁阀 12 切断进油路，压力油经过 8 和 9 两个调速阀进入液压缸左腔. 此时，由于调速阀 9 的开口小于阀 8，进一步降低运动速度. 调节调速阀 9 的开口大小可控制二工进的速度，其他油路情况与一工进相同.

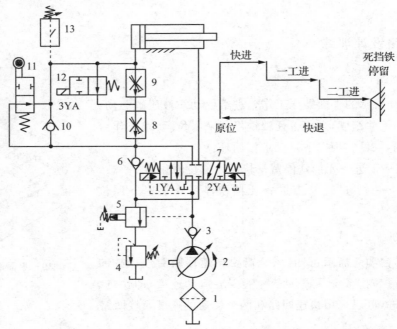

1：过滤器　2：变量泵　3、6、10：单向阀　4：背压阀　5：液控单向阀
7：换向阀　8、9：调速阀　11：行程阀　12：二位二通电磁阀　13：压力继电器

图 6-31　工作台进给运动驱动液压回路

表 6-2　电磁铁和行程阀动作顺序表

元件名称 动作顺序	电磁铁			行程阀 11
	1YA	2YA	3YA	
快进	＋	－	－	－
一工进	＋	－	－	＋
二工进	＋	－	＋	＋
死挡铁停留	＋	－	＋	＋
快退	－	＋	－	＋/－
原位停止	－	－	－	－

（4）死挡铁停留. 工作台第二次工作进给完毕，碰上死挡铁后停止前进，停留在死挡铁处，此时液压缸左腔压力升高；当压力升高至压力继电器 13 的调定值时，压力继电器发出信号给时间继电器，时间继电器控制停留时间，延时时间到达后发出信号使工作台返回.

（5）快退. 延时信号发出后,电磁铁 1YA、3YA 断电,2YA 得电,换向阀 7 的右位接入系统. 工作台返回的负载小,系统压力较低,变量泵 2 的流量自动增加,加快退回速度. 进油路: 过滤器 1→变量泵 2→单向阀 3→换向阀 7→液压缸右腔;回油路:液压缸左腔→单向阀 10→换向阀 7→油箱. 工作台快退至第一次工作进给的起始位置时,行程阀 11 复位.

（6）原位停止. 工作台退回原位时,挡铁压下行程开关发出信号,2YA 断电,换向阀 7 处于中位,工作台停止运动. 变量泵 2 输出油液经单向阀 3、换向阀 7 流回油箱,液压泵卸荷. 液压泵卸荷时,单向阀 3 使得控制油路中仍保持一定的压力,保证电液换向阀 7 能正常换向.

由以上分析可知,系统采用了以下基本回路:

（1）采用变量泵和调速阀组成的进油路容积节流调速回路,并在回油路上设置了背压阀,这种回路使得工作台得到稳定的低速运动和较好的速度-负载特性,且系统效率较高.

（2）采用变量泵和液压缸的差动连接回路来实现快速运动,能量利用经济合理. 工作台停止运动时,换向阀使液压泵低压卸荷,减少能量损耗.

（3）采用行程阀和液控顺序阀实现快速和慢速的速度换接,动作可靠,速度切换平稳.

（4）采用调速阀串联的两种慢速换接回路,确保启动和速度换接时的前冲量较小,便于利用压力继电器进行自动控制.

第三节　多缸控制回路

一、常用多缸控制回路

液压系统中,如果一个液压源给多个液压缸供给液压油,这些液压缸会因压力和流量的彼此影响而在动作上相互牵制,因此必须使用一些特殊回路才能实现预定的动作要求. 常见的这类回路有同步回路、顺序动作回路和互不干扰回路.

1. 同步回路

使多个执行元件在运动中保持相同位移或相同速度的回路称为同步回路. 在一泵多缸的系统中,尽管液压缸的有效工作面积相等,但是由于运动中所受负载不均衡,摩擦阻力也不相等,泄漏量的不同以及制造上的误差等,不能使液压缸同步动作. 同步回路的作用就是克服这些影响,补偿它们造成的流量上的变化.

（1）带补偿措施的串联液压缸同步回路.

如图 6-32 所示为串联液压缸的同步回路,缸 1 有杆腔 A 的有效面积应与缸 2 无杆腔 B 的有效面积相等,从 A 腔中排出的油液进入 B 腔,两缸的下降运动便得到同步. 回路中的补偿措施会消除每一次下行运动中的同步误差,避免了误差的累积. 其补偿原理为:在活塞下行的过程中,如液压缸 1 的活塞先运动到底,触动行程开关 1XK 发讯,使电磁铁 1DT 通电,此时压力油便经过二位三通电磁阀 3、液控单向阀 5,向液压缸 2 的 B 腔补油,使缸 2 的活塞继续运动到底;如果液压缸 2 的活塞先运动到底,触动行程开关 2XK,使电磁铁 2DT 通电,此时压力油便经二位三通电磁阀 4 进入液控单向阀的控制油口,液控单向阀 5 反向导通,缸 1 能通过液控单向阀 5 和二位三通电磁阀 3 回油,使缸 1 的活塞继续运动到底,对失调现象进行补偿. 这种串联式同步回路只适用于负载较小的液压系统.

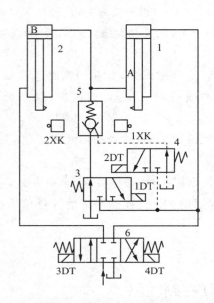

图 6-32　采用补偿措施的串联液压缸同步回路

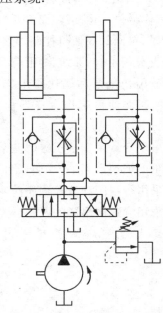

图 6-33　调速阀控制的同步回路

（2）调速阀控制的同步回路.

如图 6-33 所示是两个并联的液压缸分别用调速阀控制的同步回路. 两个调速阀分别调节两缸活塞的运动速度,当两缸有效面积相等时,则流量也调整得相同;若两缸面积不等时,改变调速阀的流量也能达到同步的运动. 这种同步回路结构简单,且可以调速,但两个调速阀性能不可能完全一致,还受到油温变化以及负载变化等的影响,同步精度较低.

（3）使用分流阀的同步回路.

如图 6-34 所示为使用分流阀的同步回路. 其工作原理是:压力油液经节流孔 4 和 5 及分流阀上 a、b 处进入缸 1 和缸 2,两缸活塞前进. 分流阀的滑轴 3 处于某一平衡位置时,$p_1 = p_2$,节流孔 4 和 5 上的压力降 $p_Y - p_1$ 和 $p_Y - p_2$ 相等,进入缸 1 和缸 2 的流量相等. 当缸 1 的负荷增加时,p_1' 上升,滑轴 3 右移,a 处节流孔加大,b 处节流孔变小,使 p_1 下降、p_2 上升;滑轴 3 移到某一平衡位置时,再次恢复 $p_1 = p_2$,滑轴 3 不再移动. 活塞后退,液压油经单向阀 6 和 7 流回油箱. 两缸保持速度同步,但 a、b 处开口大小和开始时是不同的. 利用分流阀实现同步控制,系统结构简单,成本低,同步精度较高,可达 $1\% \sim 3\%$.

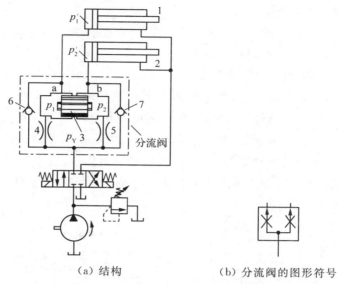

（a）结构 （b）分流阀的图形符号

图 6-34 使用分流阀的同步回路

（4）通过机械连接实现同步的回路.

如图 6-35 所示为通过机械连接实现同步的回路,将两个(或若干个)液压缸的活塞杆运用机械装置(如齿轮或刚性梁)连接在一起,使它们的运动相互牵制,这样不必在液压系统中采取任何措施而实现同步.此种同步方法简单,工作可靠,同步精度取决于机构的刚性;但不宜使用在两缸距离过大或两缸负载差别过大的场合,否则会因偏差出现活塞和活塞杆卡死的现象.

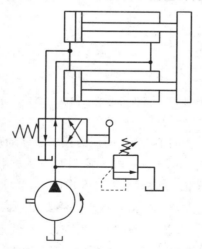

图 6-35 通过机械连接实现同步的回路

2. 顺序动作回路

在多缸液压系统中,例如,自动车床中刀架的纵横向运动、夹紧机构的定位和夹紧等都应按一定的要求顺序动作.顺序动作回路按其控制方式不同,分为压力控制、行程控制和时间控制三类,其中前两类用得较多.

（1）压力控制的顺序动作回路.

压力控制利用液压系统工作过程中的压力变化,来控制执行元件的先后动作顺序,主要利用压力继电器和顺序阀来控制顺序动作.

① 用压力继电器控制的顺序动作回路.

如图 6-36 所示是机床的夹紧、进给系统,要求的动作顺序是:先将工件夹紧,然后由动力滑台进行切削加工.动作循环开始时,二位四通电磁阀处于图示位置,液压泵输出的压力油进入夹紧缸的右腔,左腔回油,活塞向左移动,将工件夹紧.夹紧后,液压缸右腔的压力升高,当油压超过压力继电器的调定值时,压力继电器发出信号,指令电磁阀的电磁铁 2DT、4DT 通电,进给液压缸动作.油路中要求先夹紧后进给,工件没有夹紧则不能进给,这一严格的顺序是由压力继电器保证的.

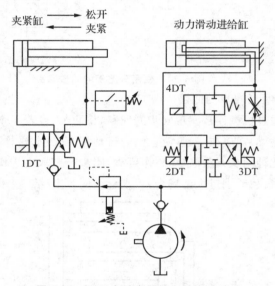

图 6-36　用压力继电器控制的顺序回路

② 用顺序阀控制的顺序动作回路.

如图 6-37 所示是采用两个单向顺序阀的压力控制顺序动作回路.其中单向顺序阀 4 控制两液压缸前进时的先后顺序,单向顺序阀 3 控制两液压缸后退时的先后顺序.当电磁铁 1YA 通电时,压力油进入液压缸 1 的左腔,右腔经单向阀 3 回油,此时由于压力较低,顺序阀 4 关闭,缸 1 的活塞先动.当液压缸 1 的活塞运动至终点时,油压升高,达到单向顺序阀 4 的调定压力时,顺序阀开启,压力油进入液压缸 2 的左腔,右腔直接回油,缸 2 的活塞向右移动.当液压缸 2 的活塞右移达到终点后,1YA 断电,2YA 通电,此时压力油进入液压缸 2 的右腔,左腔经阀 4 中的单向阀回油,缸 2 的活塞向左返回,到达终点时,油压升高打开顺序阀 3 再使液压缸 1 的活塞返回.这种顺序动作回路的可靠性,在很大程度上取决于顺序阀的性能及其压力调整值.

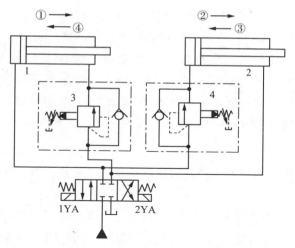

1、2:液压缸 3、4:单向顺序阀

图 6-37 用顺序阀控制的顺序回路

压力控制的顺序回路中,顺序阀或压力继电器的设定压力必须大于前一动作液压缸的最高工作压力,一般高出 0.8～1MPa,否则后一动作的液压缸可能会因管路中的压力冲击或波动出现提前动作的现象,甚至会造成设备和人身事故.这种回路适用于液压缸数目不多、负载变化不大的场合,其优点是动作灵敏,安装连接方便;缺点是可靠性不高,位置精度低.

(2)用行程控制的顺序动作回路.

行程控制顺序动作回路利用工作部件到达一定位置时发出控制信号来控制执行元件的先后动作顺序,它可以利用行程开关、行程阀等来实现,如图 6-38 所示.

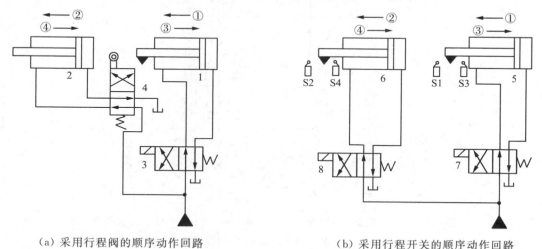

(a)采用行程阀的顺序动作回路　　　　(b)采用行程开关的顺序动作回路

1、2、5、6:液压缸 3、7、8:电磁阀 4:行程阀

图 6-38 用行程控制的顺序动作回路

如图 6-38(a)所示为采用行程阀控制的顺序动作回路,电磁阀 3 通电后,液压缸 1 活塞先向左运动,完成动作①;挡铁压下行程阀 4 后,液压缸 2 活塞向左运动,完成动作②;电磁阀 3 断电后,液压缸 1 活塞先退回,完成动作③;挡块离开行程阀 4 后,液压缸 2 活塞退回,

完成动作④.这种回路工作可靠,但动作一经确定,改变比较困难,且管路长,布置较麻烦.

如图 6-38(b)所示为采用行程开关控制的顺序动作回路,电磁阀 7 通电后,液压缸 5 活塞左行,完成动作①;挡铁触动行程开关 S1 使电磁阀 8 通电,液压缸 6 活塞左行,完成动作②;挡铁触动行程开关 S2 使电磁阀 7 断电,液压缸 5 活塞返回,完成动作③;挡铁触动行程开关 S3 使电磁阀 8 断电,液压缸 6 活塞返回,完成动作④;最后触动 S4 完成一个工作循环.这种回路控制灵活方便,但控制的可靠程度主要取决于电气元件的质量.

3. 互不干扰回路

多执行元件互不干扰回路的作用是防止液压系统中的多个执行元件因速度快慢的不同而在动作上相互干扰.

如图 6-39 所示为双泵供油互不干扰回路,泵 1 为高压小流量泵,泵 2 为低压大流量泵.图中的液压缸 A 和 B 各自要自动完成"快进→工进→快退"的工作循环.其工作原理为:当阀 5 和 6 均通电时,两缸均由泵 2 供油并形成差动连接快进.此时若某个液压缸,如缸 A 先完成快进动作,挡块和行程开关使阀 7 通电、阀 6 断电,则泵 2 进入缸 A 的油路被切断,泵 1 进油路打开,缸 A 由调速阀 8 调速工进.而缸 B 仍做快进,互不影响.当两缸都转为工进后,全由泵 1 供油.若缸 A 又提前完成工进,行程开关使阀 7 和 6 均通电,缸 A 则由泵 2 供油快退.当电磁铁均断电时,两缸都停止运动,并被锁定在所在位置上.由此可见,这个回路快速和慢速分别由泵 1 和泵 2 供油,配合相应的电磁铁控制,实现多缸的快慢运动互不干扰.

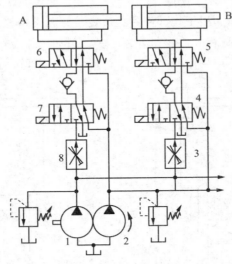

1:高压小流量泵 2:低压大流量泵 3、8:调速阀 4~7:二位五通电磁换向阀

图 6-39 双泵供油互不干扰回路

如图 6-40 所示为采用叠加阀的互不干扰回路.该回路采用双联泵供油,泵 $1'$ 为高压小流量泵,工作压力由溢流阀 5 调定;泵 $2'$ 为低压大流量泵,工作压力由溢流阀 1 调定;泵 $1'$ 和泵 $2'$ 分别接叠加阀的 P_1 口和 P 口.当换向阀 4 和 8 的左位接入系统时,液压缸 A 和 B 快速向左运动,此时远控式顺序节流阀 3 和 7 由于控制压力较低而关闭,因此泵 $1'$ 的压力油经阀 5 溢流回油箱.当其中一个液压缸,如缸 A 先完成快进动作时,缸 A 的无杆腔压力升高,顺序

节流阀 3 的阀口被打开,泵 1' 的压力油经阀 3 的节流口进入缸 A 的无杆腔,高压油同时使单向阀 2 关闭,缸 A 的运动速度由阀 3 的节流口开度决定,节流口大小按工进速度要求进行调节.此时,缸 B 仍由泵 2' 供油继续快进,两缸动作互不干扰.若缸 A 先完成工进动作,阀 4 的右位接入,则泵 2' 的油液使缸 A 退回.若阀 4 和 8 的电磁铁均断电,则两缸均停止运动.由此可见,该回路中顺序节流阀的开启取决于液压缸工作腔的压力,回路动作可靠性较高,被广泛用于组合机床的液压系统中.

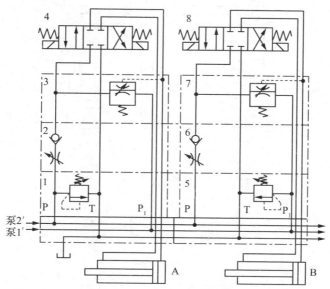

1、5:溢流阀　2、6:单向阀　3、7:远控式顺序节流阀　4、8:电磁换向阀

图 6-40　采用叠加阀的互不干扰回路

二、回路设计训练

1. 任务概述

如图 6-41 所示的钻床,工件的夹紧和钻头的进给运动分别由液压缸 A 和 B 驱动完成.要求钻头进给运动速度可调,根据钻床工作原理设计相应的液压系统.

2. 需求分析

根据钻床的工作需求可知,液压系统一个泵给两个液压缸输送液压油,为多缸系统.工作过程中夹紧缸 A 先工作,当夹紧缸完成夹紧动作后,进给缸 B 才开始工作,须采用顺序动作回路;夹紧缸 A 的工作压力小于进给缸 B 的工作压力,须设计减压回路;系统要求进给速度可调,则须设计相应的调速回路;除此以外,当进给缸 B 停止运动时,须采取必要的措施防止钻头因自重下滑.

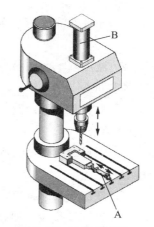

图 6-41　钻床示意图

3. 参考回路

参考回路如图 6-42 所示,夹紧缸 A 无杆腔进油路上的减压阀用于控制夹紧缸的最大夹紧力.进给缸 B 的无杆腔进油路上设置调速阀单独调节进给速度;有杆腔回油路上设置顺序阀提供背压,实现顺序控制的同时还能平衡钻头自重防止下滑;调速阀与顺序阀两端均并联单向阀,减小进给缸活塞回程阻力,提高速度.系统的最高工作压力由溢流阀控制.

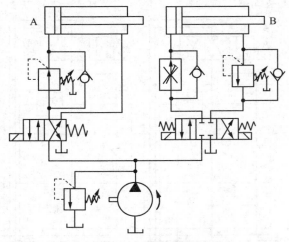

图 6-42 钻床液压控制回路

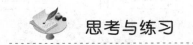 思考与练习

一、填空题

1. 在进油节流调速回路中,当节流阀的通流面积调定后,速度随负载的增大而_____.

2. 液压基本回路是指由某种液压元件组成的,用来完成_____的回路.按其功用不同,可分为_____、_____、_____和_____.

3. 在容积调速回路中,随负载的增加,液压泵和液压马达的泄漏_____,于是速度发生变化.

4. 在定量泵供油的系统中,用_____实现对定量执行元件的速度进行调节,这种回路称为_____.

5. 液压泵的卸荷有_____卸荷和_____卸荷两种方式.

6. 根据节流阀在回路中的位置不同,节流调速回路有_____、_____和_____三种基本形式.

7. 多缸系统中,顺序动作回路按其控制方式不同,分为_____、_____和_____三类.

8. 容积调速回路是利用改变_____来实现调速的.

9. 液压系统中,在执行元件不动或仅有工件变形所产生的微小位移的情况下,稳定维持住压力的回路称为_____.

10. 平衡回路中常用_____或_____元件来平衡自重.

二、判断题

1. 容积调速回路中,主油路中的溢流阀起安全保护作用. 　　　　　　　　　(　)

2. 采用顺序阀实现的顺序动作回路中,顺序阀的调定压力应比先动作液压缸的最大工作压力低. 　　　　　　　　　　　　　　　　　　　　　　　　　　(　)

3. 中位 O 型的三位换向阀,中位可使液压缸卸荷. 　　　　　　　　　(　)

4. 使液压泵的输出流量为零,称为流量卸荷. 　　　　　　　　　　　(　)

5. 在定量泵与变量马达组成的容积调速回路中,其转矩恒定不变. 　　　(　)

6. 在节流调速回路中,大量油液由溢流阀溢流回油箱,是能量损失大、温升高、效率低的主要原因. 　　　　　　　　　　　　　　　　　　　　　　　　　　(　)

7. 进油节流调速回路的速度稳定性比回油节流调速回路好. 　　　　　(　)

三、选择题

1. (　)节流调速回路可承受负值负载.

A. 进油　　　　　　　　B. 回油　　　　　　　　C. 旁油路

2. 顺序动作回路可用(　)实现.

A. 单向阀　　　　　　　B. 溢流阀　　　　　　　C. 压力继电器

3. 在用节流阀的旁油路节流调速回路中,液压缸速度(　).

A. 随负载增大而增加　　B.随负载减小而增加　　C. 不受影响

4. (　)回路可以实现快速运动.

A. 调速阀调速　　　　　B. 大流量泵供油　　　　C. 差动连接

5. 变量泵和定量马达组成的容积调速回路为(　)调速,即调节速度时,其输出的(　)不变.

A. 恒功率　　　　　　　B. 恒转矩　　　　　　　C. 恒压力

D. 最大转矩　　　　　　E. 最大功率　　　　　　F. 最大流量和压力

6. 定量泵和变量马达组成的容积调速回路为(　),即调节速度时,其输出的(　)不变.

A. 恒功率　　　　　　　B. 恒转矩　　　　　　　C. 恒压力

D. 最大转矩　　　　　　E. 最大功率　　　　　　F. 最大流量和压力

四、简答题

1. 在进油节流调速回路中,用定差减压阀和节流阀串联代替调速阀,能否起到调速阀的作用?

2. 互不干扰回路的作用是什么?

3. 简述进油节流调速回路与回油节流调速回路的特点.

4．什么是液压泵卸荷？

5．试说明分流阀的工作原理．

五、分析与计算题

1．试用一个先导型溢流阀、两个远程调压阀和若干个换向阀（形式不限）组成一个四级调压且能卸荷的回路．画出回路图并简述其工作原理．

2．试用两个调速阀组成"快进→一工进→二工进→三工进→快退→停止"动作循环的多级调速回路．画出液压回路图，并说明工作原理．

3．分析图 6-36 所示的顺序动作回路，回答下列问题：

（1）夹紧缸为什么采用断电夹紧？

（2）动力滑台进给缸运动时，夹紧力会不会下降？为什么？

4．在如图 6-39 所示的回路中，防止多缸的快、慢速运动互相干扰的工作原理是什么？

5．列出图 6-43 所示回路中电磁铁动作状态表（电磁铁通电用"＋"表示，失电用"－"表示）．

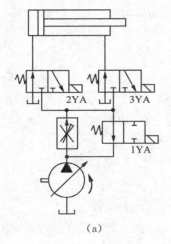

（a）

电磁铁 动作	1YA	2YA	3YA
快进			
工进			
快退			
停止			

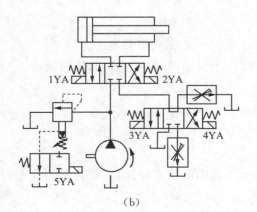

（b）

电磁铁 动作	1YA	2YA	3YA	4YA	5YA
快进					
一工进					
二工进					
快退					
停止					

图 6-43　题 5 图

第七章　液压系统分析、设计、安装调试及故障诊断

液压传动系统有很多突出的优点,被广泛应用于机械制造、工程机械、矿山冶金、航空航海、石油化工等多个领域.液压系统图表示了系统内各类液压元件的连接和控制情况以及执行元件实现各种运动的工作原理.应掌握液压系统分析方法,加深对各种液压元件和回路的理解,为液压系统设计、安装调试及故障诊断打下基础.

 ## 第一节　液压系统分析

一、液压系统分析步骤

液压传动系统是根据机械设备的工作要求,选用适当的液压基本回路有机组合而成的.分析一个较复杂的液压系统图,可以大致按以下几个步骤进行:

(1)了解机械设备的功能、工况对液压系统的要求以及设备的工作循环,了解在工作循环中的各个工步对力、速度和方向等参数的要求.

(2)初读液压系统图,了解系统包含哪些元件,以执行元件为中心,将系统分解为若干个子系统,如主系统、进给系统等.

(3)单独分析每一个子系统,了解系统由哪些基本回路组成、各个元件的功用及相互关系.根据工作循环和动作要求,参照电磁铁动作表和有关资料等,理清油液流动路线.

(4)根据系统对各执行元件的互锁、同步、防干扰等要求,分析各子系统之间的联系以及如何实现这些要求.

(5)在全面读懂液压系统的基础上,根据系统所使用的基本回路的性能,对系统做综合分析,归纳总结出整个液压系统的特点,加深对液压系统的理解.

二、高炉料钟启闭机构液压传动系统分析

1. 高炉料钟启闭机构的概况及生产工艺

某 $550m^3$ 高炉炉顶装料设备的基本结构如图 7-1 所示.大钟挂在托梁上,大钟的载荷由托梁两端的拉杆承受.每一拉杆由两个柱塞缸传动.大钟液压缸大部分装在煤气封罩内,温度很高,此液压缸采用水冷结构,如图 7-2 所示.

装料设备还包括两个 $\phi250$ 均压阀和两个 $\phi400$ 放散阀,都由活塞缸传动.由活塞缸通过钢绳将阀打开,靠阀盖自重关闭.

装料时,炉料由料车卸进马基式布料器内,布料器和漏斗一起旋转一定角度后停下,小钟下降,炉料卸进大钟漏斗,小钟随即关闭.大钟漏斗内炉料达到一定数量后,大钟下降,炉料卸进高炉,大钟关闭.在开大钟时,由于炉喉内煤气有压力,大钟上下的压力差阻碍大钟的下降.为此,在大钟打开前,必须先开均压阀,向大小钟之间充以压力煤气,以消除压力差.同理,在开启小钟之前,必须先开放散阀,放掉大小钟之间的压力煤气,以消除作用于小钟上的压力差.

料车每卸料一次,小钟动作一次.在正常运行时,小钟和放散阀每动作四次,大钟和均压阀各动作一次,形成一个工作周期.当高炉内炉料面低于允许范围时,要求尽早恢复正常的高度,就得提前加料,这叫赶料线运行.此时,要求小钟和放散阀每动作两次,大钟和均压阀各动作一次,组成一个工作周期.高炉料钟启闭机构对液压系统的工艺要求是由高炉生产能力和生产工艺决定的,必须得到满足.高炉生产有如下具体工艺要求:

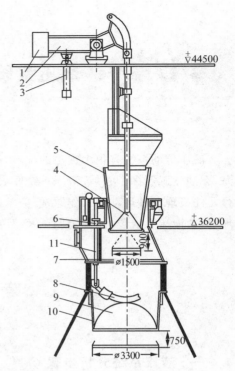

1:平衡重 2:小钟杆 3:小钟液压缸
4:小钟 5:马基式布料器 6:大钟液压缸
7:煤气封罩 8:托梁 9:大钟
10:钟漏斗 11:拉杆

图 7-1 550m³ 高炉料钟设备结构示意图

(1) 大小料钟必须能够承受漏斗中的最大料重.液压系统必须能满足最紧赶料线周期的要求.

(2) 必须保证在加入炉料后,料钟与漏斗口之间不漏气,要求料钟对漏斗口保持一定的压紧力.

(3) 由于在大钟漏斗中有煤气,有时会因进入空气而发生煤气爆炸.所以必须采取适当措施,使大钟拉杆等有关部件不致因爆炸而超载损坏.

(4) 为减少大钟启闭时的冲击,要求在其行程的起点和终点减速.

(5) 当料钟采用多缸传动时,为避免拉杆或柱塞杆与各自的导向套因倾斜而卡住,要求各液压缸的同步精度不低于 4%.

(6) 均压阀、放散阀和大小料钟启闭时间的配合必须得到严格保证.

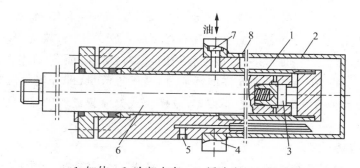

1:缸体 2:冷却水套 3:缓冲头 4:摆动轴
5:冷却水入水口 6:柱塞 7:油入口 8:冷却水出口

图 7-2 大钟柱塞缸水冷及缓冲结构

2. $550m^3$ 高炉料钟启闭机构液压系统工作原理

如图 7-3 所示为 $550m^3$ 高炉料钟启闭机构液压系统原理图,基本组成回路如下.

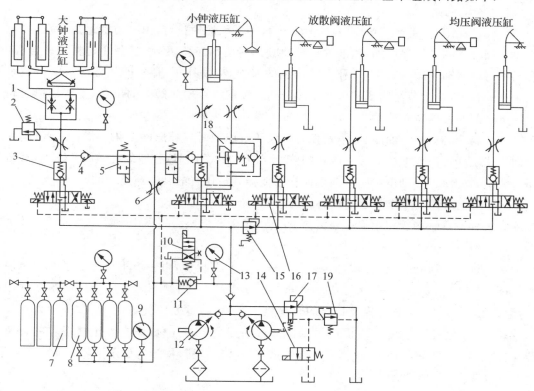

1:分流阀 2:溢流阀 3、11:液控单向阀 4:单向阀 5、14:二位二通阀 6:节流阀 7:氮气瓶
8:蓄能器 9、13:电接点压力表 10:二位四通换向阀 12:液压泵 15:减压阀
16:三位四通换向阀 17:溢流阀 18:单向顺序阀 19:远程调压阀

图 7-3 $550m^3$ 高炉料钟启闭机构液压系统原理图

(1) 同步回路.

大钟由四个柱塞缸驱动,为使各液压缸运动同步,采用分流集流阀 1 的同步回路.在料

钟启闭系统中,液压缸速度的同步误差决定于拉杆或柱塞与导向套的间隙,一般允许的同步误差范围在 4% 左右.同时还要求料钟在上升的终点能严密关闭.虽然选用的换向式分流集流阀在其一个出口流量为零时,另一出口也将关闭,但对柱塞缸而言,工作行程小于极限行程,当柱塞到达工作行程终点时,仍允许继续前进,液压缸流量(即分流集流阀出口的流量)不会为零.只有当料钟关严后,流量才能为零,故换向式分流集流阀的这一特点对于料钟的动作没有影响.

(2) 换向阀锁紧回路.

为使各液压缸在不操作时保持活塞位置不变,采用三位四通换向阀 16 和液控单向阀 3 组成换向阀锁紧回路,换向阀采用 Y 型阀芯,与电磁阀 10 相配合.当电磁阀 16 位于中位时,电磁阀 14 通电,液压泵卸荷,电磁阀 10 断电,蓄能器与主油路切断,使电磁阀 16 的阀芯处于无压状态.这样,所有的液压缸全不工作时,压力油几乎没有泄漏,保证活塞位置不变,而且工作可靠.

(3) 补油回路.

在大钟关闭后,由液控单向阀 3 锁紧,当料钟上增加炉料后,由于负载增加,液压缸与液控单向阀之间的油压将增加,油液的压缩将使料钟有所下降,影响了漏斗与料钟密合程度.为确保料钟对漏斗的压紧力,并补充液压缸的漏油,特设补压回路.即从蓄能器引出一条通径较小的管道,经过节流阀 6 和单向阀 4 接到大钟的液控单向阀 3 的出口,使液控单向阀与液压缸之间始终保持蓄能器的油压,将料钟压紧在漏斗口.

大小料钟均设补压回路,为了避免料钟液压缸回油时与补压回路相干扰,在节流阀 6 与单向阀 4 之间再增设两个二位电磁换向阀 5.当某料钟关闭时,相应的电磁阀 5 断电,补压回路接通.料钟开启时,则电磁阀 5 通电而把蓄能器到液压缸的补油通路切断.

(4) 防止因煤气爆炸引起过载的溢流阀安全回路.

在大钟液压缸的管路上设有溢流阀 2,其调定的开启压力稍高于主溢流阀的调定压力.

(5) 小钟液压缸.

为保证小钟对布料器的压紧力,平衡杆采用过平衡设计,由平衡重产生的平衡力矩使空钟关闭,过平衡力矩越大,关闭时活塞下降的加速度越大.当其下降速度超过液压站供油量所形成的速度时,液压缸上腔及相应的管道将产生负压,这是不允许的.但过平衡力矩仍必须保持一定的数量.为此,一方面应尽量保持过平衡力矩,另一方面在液压缸下腔的管道上设单向顺序阀 18,使小钟关闭时,回油路管道上有一定背压,使活塞稳定下降.

(6) 液压缸的缓冲装置.

为防止在料钟下降到极限位置时,柱塞撞击液压缸缸底,在柱塞的端部设有缓冲装置,如图 7-2 所示.图示位置表示复位弹簧压缩,柱塞位于行程终点.缓冲是通过三角沟槽和径向小孔实现的.

(7) 蓄能器储能和调速回路.

系统设置有 25L 气囊式蓄能器 8(4 个)和 40L 氮气瓶 7(3 个),通过液控单向阀 11 与系统主油路相连接.液压泵 12 可向蓄能器随时供油,而蓄能器必须在电磁阀 10 通电时,才能向系统供油. 为降低启动、制动时机构惯性引起的冲击, 在任一机构启动和制动时, 电磁阀均断电, 仅由液压泵供油, 所以只能以较小的速度启动和制动. 正常速度运行时, 电磁阀通电, 蓄能器和液压泵共同供油.

（8）分级调压及压力控制回路.

料钟液压缸的工作压力为 12.5MPa, 而均压阀和放散阀液压缸的工作油压为 6MPa, 故须分两级调压. 设有主溢流阀 17, 其调定压力为 13.75MPa. 远程调压阀 19 的调定压力为 15MPa. 电磁阀 14 用于控制溢流阀 17 卸荷, 电接点压力表 9 的调定压力为 12.5MPa 和 15MPa. 电接点压力表 13 的调定压力为 8.5MPa 和 13.75MPa. 上述两压力表主要用于系统的安全保护, 动作情况如下：

当电磁阀 14 断电时, 液压泵向主油路供油, 换向阀 16 就可工作. 当主油路压力小于 12.5MPa 时, 压力表 9 的低压接点闭合, 液压泵 12 向系统和蓄能器 8 供油, 当主油路压力大于 12.5MPa 时, 压力表 9 的低压接点断开, 使电磁阀 14 通电, 主溢流阀 17 卸荷, 液压泵空载运转. 若此时油压还继续上升到 13.75MPa, 压力表 13 的高压接点闭合报警, 表面压力表或电磁铁失灵. 同时, 主溢流阀 17 打开. 当油压再继续上升到 15MPa 时, 压力表 9 的高压接点闭合, 使电动机停止运转. 此时表面溢流阀与油箱的通道未打开, 或溢流阀 17 的先导阀失灵, 则远程调压阀 19 动作, 代替溢流阀 17 的先导阀, 使溢流阀 17 溢流. 当油压下降到 8.5MPa 以下时, 压力表 13 的低压接点闭合, 发出低压报警, 表明系统有大量漏油现象, 工作人员应及时检查, 并排除故障.

为实现电动机空载启动, 在电动机启动时, 先使电磁阀 14 通电, 溢流阀 17 卸荷. 经延时继电器作用, 待电动机达到额定转速后再使电磁阀 14 断电, 这时液压泵 12 才开始向系统供油.

均压阀和放散阀油缸要求的油压为 6MPa, 由调定压力为 6MPa 的减压阀 15 供给低压油.

（9）液压站.

在炉顶平台或布料器房内, 因离液压缸的距离很近, 液压缸中的油液能回到油箱中冷却、过滤, 故油管未采取任何降温措施. 油箱内有蛇形管, 通水冷却, 采用 160 目铜网滤油器. 在管道的最高处设有排气塞.

各液压缸动作的连锁由电气控制. 各重要元件都设有备用回路.

第二节　液压系统设计

一、液压系统设计步骤

液压系统的设计是整机设计的重要组成部分, 设计时必须满足设备工作循环所需的全部技术要求, 要兼顾静动态特性、效率、结构、工作安全可靠性、使用寿命、经济性及维护等多方面性能, 还要与整机的总体设计（包括机械、电气设计）一起综合考虑, 保证整机性能优良.

液压系统设计的步骤,随设计的实际情况、设计者的经验各有差异,但其基本内容是一致的,一般为:

(1) 明确液压系统的设计要求,进行工况分析.

(2) 拟定液压系统原理图.

(3) 确定液压系统的主要参数,进行液压元件的计算和选择.

(4) 验算液压系统的性能.

(5) 绘制正式工作图,编写技术文件.

上述设计步骤,只说明一般设计过程和内容,根据实际情况可以交叉进行.对某些简单的液压系统,有些步骤可以合并;对某些比较复杂的系统,须经过反复才能完成.

1. 明确设计要求

设计液压系统时,任务书中规定的各项要求是设计依据,必须明确:

(1) 动作要求.液压传动系统应完成的运动、执行元件类型、执行元件的动作循环和动作周期以及同步、互锁和配合要求等.

(2) 性能要求.各执行机构在各工作阶段所需力和速度的大小、调速范围、速度的平稳性和精度、工作可靠性等.

(3) 工作环境要求.环境温度的变化范围、作业场地情况、灰尘状况以及易燃易爆、振动等情况.

(4) 其他要求.质量、外形尺寸等方面的限制和经济性、能耗等方面的要求.

2. 工况分析

液压系统工况分析是指分析设备工作过程中,执行元件各个工作阶段的负载和运动的变化规律,可将该规律用曲线表示出来,作为确定系统主要参数和拟定系统方案的依据.

(1) 负载分析与负载循环图.

作用在执行元件上的负载主要有工作负载 F_e、摩擦阻力负载 F_f(包括静摩擦阻力负载 F_{fs} 和动摩擦阻力负载 F_{fd})、惯性负载 F_a、重力负载 F_G 等.对于负载变化规律复杂的系统必须画出负载循环图.如图7-4所示为某液压缸的负载分析图,其中图7-4(a)为液压缸的工作循环图,图7-4(b)为负载-位移(时间)曲线图.

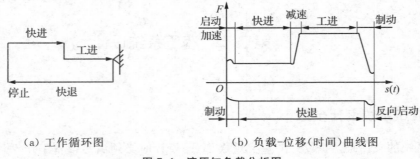

(a) 工作循环图　　　　　(b) 负载-位移(时间)曲线图

图 7-4　液压缸负载分析图

液压缸在各个工作阶段的负载 F 计算如下:

启动时	$F=(F_{fs}\pm F_G)/\eta_{cm}$	(7-1)
加速时	$F=(F_{fd}\pm F_G+F_a)/\eta_{cm}$	(7-2)
快进时	$F=(F_{fd}\pm F_G)/\eta_{cm}$	(7-3)
工进时	$F=(F_e+F_{fd}\pm F_G)/\eta_{cm}$	(7-4)
快退时	$F=(F_{fd}\pm F_G)/\eta_{cm}$	(7-5)

式中，η_{cm}——液压缸机械效率，通常取值 $0.9\sim0.95$.

若执行元件为液压马达，其负载力矩计算方法与液压缸类似.

（2）运动分析与运动循环图.

运功分析是指分析一台设备按工艺要求完成一个工作循环的运动规律，并画出运动循环图，即位移-时间循环图、速度-时间循环图或速度-位移循环图. 图 7-5 所示为某液压缸速度-位移（时间）曲线图.

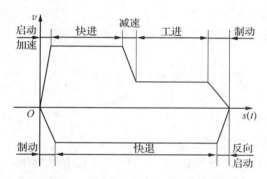

图 7-5　液压缸速度-位移（时间）曲线图

（3）确定液压系统的主要参数.

压力和流量是液压系统两个最主要的参数，这两个参数是计算和选择液压元器件的依据. 要确定压力和流量，必须先根据各执行元件的负载循环图选定系统压力，再计算液压缸的有效工作面积或液压马达的排量，最后根据位移-时间循环图或速度-时间图确定流量.

① 初选系统工作压力. 当负载确定后，工作压力的选择决定了液压系统的经济性和合理性. 系统压力选得过低，会增加液压设备的尺寸和质量，实现给定速度所需的流量也大；若系统压力选择过高，对密封和元件的压力等级要求就高. 因此，系统工作压力应结合各方面的因素综合考虑，一般可参考同类型液压系统的工作压力选取，如表 7-1 所示.

表 7-1　各类设备常用系统压力

设备类型	机　　床					农业机械、小型工程机械及辅助机械	船舶机械
	磨床	车床、铣床、镗床	组合机床、插床	龙门刨床	拉床		
工作压力/MPa	$0.8\sim2$	$2.5\sim6.3$	$3\sim5$	$2\sim8$	$8\sim10$	$16\sim32$	$14\sim25$

② 计算执行元件的几何参数. 液压缸的几何参数是有效工作面积 A，从满足负载力的要求出发，有

$$A=F/(\eta_{cm}p)$$

(7-6)

式中，F——液压缸工作负载(N)；

η_{cm}——液压缸的机械效率，一般取值 $0.9\sim0.95$；

p——液压缸的工作压力(Pa)．

由计算出的工作面积 A 来确定缸筒内径 D、活塞杆直径 d，D、d 大小必须符合国家标准．对于有低速稳定性要求的设备，还应按最低运动速度来验算，即

$$A \geqslant q_{min}/v_{min} \tag{7-7}$$

式中，q_{min}——系统最小稳定流量，节流调速系统中取决于流量阀的流量，容积调速系统由变量泵或变量马达的最小稳定流量决定；

v_{min}——设备要求的最低工作速度．

对于液压马达来说几何参数则是排量 V，从满足负载转矩要求出发，有

$$V = T/(\eta_{mm}p) \tag{7-8}$$

式中，T——液压马达的总负载转矩(N·m)；

η_{mm}——液压马达的机械效率，齿轮式和柱塞式液压马达取 $0.9\sim0.95$，叶片式液压马达取 $0.8\sim0.9$．

当系统有低速稳定性要求时，最低转速验算公式为

$$V \geqslant q_{min}/n_{min} \tag{7-9}$$

式中，q_{min}——系统最小稳定流量；

n_{min}——设备要求的最低转速．

③ 绘制执行元件工况图．工况图包括压力图、流量图和功率图．当系统中有多个同时工作的执行元件时，必须把这些执行元件的流量图按系统的总动作循环组合成总流量图．如图 7-6 所示为某液压缸的工况图．根据工况图可以直观方便地找到最大工作压力、最大流量和最大功率，这些参数是选择液压泵、液压阀及电动机等的依据．利用工况图，可验算各工作阶段所确定参数的合理性，例如，当多个执行元件按各工作阶段的流量或功率叠加，其最大流量或功率重合而使流量或功率分布很不均衡时，在整机设计要求允许的条件下，适当调整有关执行元件的动作时间和速度，避开或减小流量或功率最大值，提高整个系统的效率．

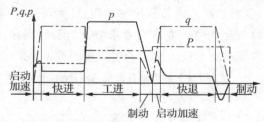

图 7-6 某液压缸的工况图

3. 拟定液压系统原理图

拟定液压系统原理图是整个设计工作中最重要的一环，对系统的性能有决定性的影响．应综合应用前面的各章内容，多考虑几个方案，进行分析比较．一般方法是：根据动作和性能要求选择和拟定基本回路，再将各基本回路组合成完整的系统．

（1）选择调速回路.

调速方式的选择除了应满足工艺上提出的速度要求外,还应考虑液压系统的功率、调速范围、速度刚性、温升、经济性等因素.表 7-2 为几种调速方式的比较.

表 7-2　几种调速方式的比较

调速方式	节流调速			容积调速	容积节流调速
	进油路	回油路	旁油路		
适用	压力控制方便	承受负值负载	压力随负载变化、大功率、平稳性要求低的低速场合	功率较大、调速范围大的场合	中等功率、温升小、效率高、速度刚性好的场合
	中小功率、速度不高的场合				
应用	组合机床；机床类：车、铣、钻、磨		牛头刨床的主运动传动系统、输送机械的液压系统	组合机床；刨、拉床、液压机、注塑机	组合机床、粉末冶金压机

（2）选择调压回路.

节流调速中,常用溢流阀组成恒压控制回路；容积调速和容积节流调速中,常用溢流阀组成限压安全保护回路.对于中低压小型液压系统,为获得二次压力可选用减压阀的减压回路,高压系统宜采用单独的控制油源,以免在减压阀处出现大的能量损失.当系统中有垂直负载作用时应采用平衡阀平衡负载,由顺序阀和单向阀组合成的平衡阀性能不够理想,不能应用于工程机械如起重机、汽车吊等液压系统.为使执行元件不工作时液压泵在很小的输出功率下运行,定量泵一般通过换向阀的中位或电磁溢流阀的卸荷位实现低压卸荷；变量泵可实现压力卸荷或流量卸荷,流量卸荷时换向阀的中位可选 M 型、H 型等中位机能.

（3）选择换向回路.

根据执行元件对换向性能的要求,选择换向阀机能和控制方式,各控制方式比较如表 7-3 所示.对工作环境恶劣的液压系统,如起重机、挖掘机等,主要考虑安全可靠,一般采用手动（脚踏）换向阀；若液压设备要求的自动化程度较高,应选用电动换向,即小流量时选电磁换向阀,大流量时选电液换向阀或二通插装阀.

表 7-3　换向阀控制方式的比较

控制方式	手动阀	行程阀	电磁阀	电液阀
特点	换向动作频繁,工作持续时间短,操作安全	换向平稳,换向精度高	操作方便,便于布置,低速换向	部件重,流量大,换向速度可调

（4）其他回路的选择.

当液压系统有多个执行元件时,除分别满足各自的技术要求外,还要考虑它们之间的同步、互锁、顺序等要求,这些要求在方案设计时应综合考虑.

4.液压元件的计算和选择

液压元件的计算和选择是指通过计算元件在工作中所承受的压力和通过的流量,来选择元件的规格和型号.选择元件时应尽量选用标准件.

（1）液压泵的选择.

先根据设计要求和设备工况确定液压泵的类型,然后根据液压泵的最高供油压力和最大供油量来选择液压泵的规格.

① 液压泵的最大工作压力 p_p.

液压泵的最大工作压力 p_p 的计算公式为

$$p_p \geqslant p_{max} + \sum \Delta p \tag{7-10}$$

式中, p_{max}——执行元件的最大工作压力,通常在两种情况下出现:一是执行元件在运动行程终了停止运动时出现(如夹紧缸),二是执行元件在运动过程中出现(如提升机),根据压力图选取最大值;

$\sum \Delta p$——液压泵出口到执行元件入口之间的沿程压力损失和局部压力损失之和,初步估算时,一般节流调速和简单管路系统取 $\sum \Delta p = 0.2 \sim 0.5$ MPa,复杂管路系统取 $\sum \Delta p = 0.5 \sim 1.5$ MPa.

② 液压泵的最大供油量 q_p.

液压泵的最大供油量 q_p 的计算公式为

$$q_p \geqslant K (\sum q)_{max} \tag{7-11}$$

式中, K——系统泄漏系数,一般取 $K = 1.1 \sim 1.3$,大流量取大值,小流量取小值;

$(\sum q)_{max}$——同时工作的各执行元件所需流量之和的最大值,可根据流量图选取最大值.

对于节流调速系统,若最大供油量出现在调速时,须增加保证溢流阀正常工作时的最小溢流量 $0.15q$.

③ 选择液压泵规格.

根据所选的液压泵类型、最大工作压力和流量,选取额定压力比系统最高工作压力高 $10\% \sim 30\%$,额定流量不低于系统最大油量,保证液压泵安全可靠和有一定的压力储备.

④ 确定液压泵驱动功率.

根据工况图中最大功率来选取液压泵驱动功率,即

$$P \geqslant \frac{(p_p q_q)_{max}}{\eta_p} \tag{7-12}$$

式中, $(p_p q_q)_{max}$——液压泵的压力和流量乘积的最大值;

η_p——液压泵效率,齿轮泵取 $0.6 \sim 0.8$,叶片泵取 $0.7 \sim 0.8$,柱塞泵取 $0.8 \sim 0.85$.

若工况图中液压泵的功率变化较大,且最大功率点持续时间很短,按式(7-12)计算的结果选取,则功率就会偏大,不经济.这种情况,应按平均功率进行选取,即

$$P \geqslant \sqrt{\frac{\sum\limits_{i=1}^{n} P_i^2 t_i}{\sum\limits_{i=1}^{n} t_i}} \tag{7-13}$$

式中, P_i——一个工作循环中第 i 阶段的功率;

t_i——一个工作循环中第 i 阶段持续的时间.

求出平均功率后,还要计算在工作循环中的每一个阶段驱动电机的超载量是否在允许范围内,否则应按最大功率选取.

（2）阀类元件的选择.

液压泵的规格型号确定后,可根据液压系统原理图估算出各控制阀承受的最大工作压力和实际最大流量,从而确定阀的型号规格.

阀类元件的规格是指其通径（公称流量）和公称压力.通径的大小是根据其在液压系统中的实际通流量及工作压力来选择的.对于压力阀和流量阀,允许的最大流量可高于公称流量的 10％；对于换向阀,允许通过的流量还要受阀的功率特性限制,与阀的机能和工作压力有关；对于溢流阀,还须考虑其正常工作时最小溢流量的要求；而流量阀则还要考虑其最小稳定流量是否满足执行元件的最低速度要求.

液压控制阀的公称压力应大于阀的实际工作压力.液压控制阀的实际工作压力根据其在系统中的安装位置不同而异,安装在进油路上的实际最高工作压力等于系统的最高压力；安装在回油路上的最高工作压力一般低于系统的最高压力.若液压系统为回油节流调速回路,安装在回油路上的流量阀最高工作压力可能大于系统的最高工作压力.

（3）辅助元件的选取.

根据液压系统对各辅助元件的要求,按第四章内容进行选择.

（4）液压元件明细表.

液压元件选定后,应列出全部液压元件的明细表,注明名称、型号、规格、数量等参数.

5. 液压系统性能验算

根据所确定的液压元件及辅件规格,画出油路装配草图后就能对某些技术性能进行验算,以判断设计质量.

（1）液压系统压力损失的验算.

前面在液压元件计算和选择中系统压力损失 $\sum \Delta p$ 是粗略估算的,在液压系统的元件型号、管路布置等确定后,须进行验算,看其是否与初步估算值相符,从而比较正确地确定液压泵的工作压力,保证系统的工作性能.若计算结果与初步估算值相差较大,则可对原设计进行修正.

液压系统的压力损失 $\sum \Delta p$ 包括油液通过管道时的沿程压力损失 Δp_L、局部压力损失 Δp_T 和流经阀类等元件的局部损失 Δp_V,即

$$\sum \Delta p = \sum \Delta p_L + \sum \Delta p_T + \sum \Delta p_V \qquad (7\text{-}14)$$

实际应用中,管路简单且短时,Δp_L 和 Δp_T 的数值较小可忽略不计；当管路较长时按以下经验公式计算

$$\Delta p_L = \frac{80 \nu q l}{d^4} \qquad (7\text{-}15)$$

式中,ν——油液运动黏度（cm^2/s）；

q——通过管路的流量（L/min）；

l——油管长度(m);

d——油管内径(mm).

$$\Delta p_{\mathrm{T}}=(0.05\sim0.1)\Delta p_{\mathrm{L}} \tag{7-16}$$

$$\Delta p_{\mathrm{V}}=\Delta p_{\mathrm{n}}\left(\frac{q}{q_{\mathrm{n}}}\right)^{2} \tag{7-17}$$

式中,Δp_{n}——阀的额定压力损失(MPa);

q_{n}——阀的额定流量(L/min);

q——阀的实际通过流量(L/min).

液压系统中进油路和回油路都有压力损失,在计算时必须都折算到进油路上,便于确定系统的供油压力.通常分别计算进油路和回油路的压力损失,再进行折算.液压系统的工作循环中,不同动作阶段的压力损失是不同的,必须分别进行计算.

确定液压系统的全部压力损失后,可以确定溢流阀的调整压力,它必须大于工作进给压力和总压力损失之和.

(2) 液压系统发热温升的验算.

液压系统工作时损失的能量都会转换为热能,使油温升高,产生很多不良后果,如油液黏度下降而增大泄漏或形成胶状物质堵塞元件小孔和缝隙,影响液压系统的正常工作.因此必须控制油液温升 ΔT 在许可范围内,如工程机械温升 $\Delta T\leqslant35\sim40\,^{\circ}\mathrm{C}$,机床系统温升 $\Delta T\leqslant25\sim30\,^{\circ}\mathrm{C}$,精密机床系统温升 $\Delta T\leqslant10\sim15\,^{\circ}\mathrm{C}$.

液压系统产生的热量,一部分使油液和系统的温度升高,另一部分主要通过油箱散热面散发到空气中,当系统产生的热量和散失的热量相等时,系统达到了热平衡状态,油温稳定在某一温度值.

液压系统的总发热量 Q 的计算公式为

$$Q=P(1-\eta) \tag{7-18}$$

式中,P——液压泵的输入功率;

η——系统总效率.

达到热平衡时的温升为

$$\Delta T=\frac{Q}{C_{\mathrm{T}}A} \tag{7-19}$$

式中,C_{T}——油箱散热系数[kW/(m²·C)],通风很差时为 8.5~9.32,通风良好时,为 15.13~17.46,风扇冷却为 23.3,循环水冷却为 110.5~147.6;

A——油箱散热面积(m²).

计算所得的温升 ΔT 加上环境温度,应不超过油液的最高允许温度.若超过允许值,则须适当增加油箱散热面积或采用冷却器来降低油温.

6. 绘制工作图和编制技术文件

(1) 绘制工作图.

所要绘制的工作图应包括液压系统原理图、液压系统装配图、非标准件的装配图和零件图. 其中液压系统原理图应附有液压元件明细表, 标明各液压元件的型号和压力阀、流量阀的调整值, 画出执行元件工作循环图, 列出相应电磁铁和压力继电器的工作状态表. 液压系统装配图包括泵站装配图、集成油路装配图和管路安装图.

（2）编写技术文件.

须编写的技术文件一般包括设计计算说明书, 零部件目录表, 标准件、通用件和外购件总表, 工作原理说明, 操作使用及维护说明书等内容. 此外, 还应提供电气系统设计任务书, 供电气设计者使用.

二、液压系统设计计算举例

设计一台卧式组合机床的工作台驱动液压系统, 工作台采用平导轨, 要求实现"快进→工进→快退→停止"的自动循环. 机床工作时, 最大切削力 $F_t = 25\text{kN}$, 往返运动加速、减速的惯性力 $F_a = 0.5\text{kN}$, 静摩擦阻力 $F_{fs} = 1.5\text{kN}$, 动摩擦阻力 $F_{fd} = 0.85\text{kN}$; 工作台快进、快退速度相等, $v_1 = v_3 = 0.1\text{m/s}$, 工进速度可调, $v_2 = 0.000833 \sim 0.01667\text{m/s}$; 工作台快进行程长度 $L_1 = 0.1\text{m}$, 工进行程长度 $L_2 = 0.04\text{m}$.

1. 工况分析

工作台驱动液压缸在各工作阶段负载值如表 7-4 所示, 其工作循环图、负载图和速度循环图分别如图 7-4(a)、图 7-7、图 7-8 所示.

表 7-4　液压缸在各工作阶段负载值

工况	负载组成	负载值 F/kN	推力 $\dfrac{F}{\eta_{cm}}/\text{N}$（$\eta_{cm} = 0.9$）
启动	$F = F_{fs}$	1.5	1.667
加速	$F = F_{fd} + F_a$	1.35	1.5
快进	$F = F_{fd}$	0.85	0.945
工进	$F = F_{fd} + F_t$	25.85	28.722
快退	$F = F_{fd}$	0.85	0.945

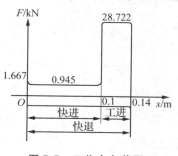

图 7-7　工作台负载图

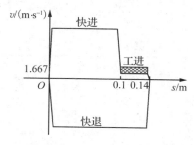

图 7-8　工作台速度循环图

2. 液压缸参数确定

液压缸选用单活塞杆液压缸, 采用差动连接实现快进.

（1）初选工作压力.

由表 7-1 可知，初选系统工作压力 $p=4$MPa. 液压缸工进过程中无杆腔压力 $p_1=4$MPa，为提高工作台运动平稳性，回油路上设置一定背压 $p_2=0.8$MPa.

（2）确定缸筒内径 D 和活塞杆直径 d.

由工进时液压缸活塞杆受力平衡得

$$F/\eta_{cm}=p_1\pi D^2/4-p_2\pi(D^2-d^2)/4 \tag{7-20}$$

将 $d=0.707D$ 代入式（7-20），可得 $D=0.1009$m，$d=0.0713$m. 按 GB/T2348—1993 将直径圆整为标准值，取 $D=0.1$m，$d=0.07$m.

（3）液压缸实际有效面积.

无杆腔面积：$A_1=\pi D^2/4=7.854\times10^{-3}$m^2；

有杆腔面积：$A_2=\pi(D^2-d^2)/4=4.006\times10^{-3}$m^2；

活塞杆面积：$A_3=\pi d^2/4=3.846\times10^{-3}$m^2.

（4）最低稳定速度验算.

最低速度为工进时的速度 $v=0.000833$m/s，此时无杆腔进油，单向调速阀调速，最小稳定流量 $q_{min}=0.1$L/min，则 $A_1\geqslant q_{min}/v_{min}=2\times10^{-3}$m^2，满足最低速度要求.

（5）绘制液压缸工况图.

计算各工况下的压力、流量和功率，汇总于表 7-5，并据此绘出工况图如图 7-9 所示.

表 7-5　液压缸各工况下的压力、流量、功率

工况		计算公式	压力/MPa	流量/(L/min)	功率/kW
差动快进	启动	$p=F/A_3$ $q=v_1A_3$ $P=pq$	0.433	23.08	0.09
	加速		0.39		
	恒速		0.246		
工进		$p=\dfrac{F+p_2A_2}{A_1}$ $q=v_1A_1$ $P=pq$	4.065	0.39~7.85	0.03~0.53
快退	启动	$p=\dfrac{F+p_2A_1}{A_2}$ $q=v_3A_2$ $P=pq$	1.396	24.04	0.48
	加速		1.355		
	恒速		1.216		

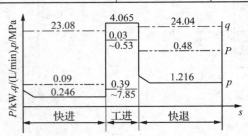

图 7-9　工作台液压缸工况图

3. 拟定液压系统原理图

（1）选择液压回路.

① 调速回路. 由工况图 7-9 可知，该液压系统功率小，工作台运动速度低，负载变化小，可采用进口节流的调速回路. 在回油路上设置背压阀防止进口节流调速回路产生前冲现象.

② 供油方式. 分析工况图可知，该液压系统的工作循环内，液压缸交替要求油源提供低压大流量和高压小流量的油液. 最大流量与最小流量之比约为 60，而快进快退所需时间比工进所需时间少得多. 因此宜采用双泵供油或限压式变量泵加调速阀组成容积节流调速系统，从而提高系统效率，节省能量.

③ 换向回路. 液压缸快进快退速度较大，为保证换向平稳，且快进时液压缸采用差动连接，因此采用三位五通 Y 型电液换向阀来实现运动换向和差动连接.

（2）拟定液压系统原理图.

综合上述分析和拟订方案，将各基本回路合理组合为该机床的液压系统，其原理图如图 7-10 所示.

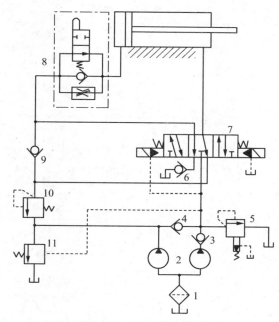

图 7-10　液压系统原理图

4. 液压元件选择

（1）液压泵.

① 高压小流量泵最高工作压力. 其值为液压缸在整个工作循环中最大工作压力 p_{max} 加上系统压力损失 $\sum \Delta p$（根据经验取为 0.8MPa），则

$$p_{p1} \geqslant p_{max} + \sum \Delta p = (4.065 + 0.8)\text{MPa} = 4.865\text{MPa}$$

② 低压大流量泵最高工作压力. 其值为快速运动过程中液压缸最大工作压力加上系统

压力损失(根据经验取为 0.5MPa),则

$$p_{p2} \geqslant (1.396 + 0.5)\text{MPa} \approx 1.896\text{MPa}$$

③ 泵的流量规格. 整个工作循环中两个液压泵输入液压缸的最大流量为 24.04L/min,假设回路中的泄漏量按液压缸输入流量的 10% 估算,则两台泵的总流量为 q_p 为 26.4L/min. 由于溢流阀最小稳定溢流量为 3L/min,工进时输入液压缸最小流量为 0.39L/min,则小流量泵的流量规格最少应为 3.39L/min.

根据以上压力和流量数值,选用双联叶片泵 YB-4/25.

④ 计算电动机功率. 最大功率应发生在停止时,此时若溢流阀调定压力为 5.4MPa,则卸荷阀压力为 0,流量为 29L/min. 双联泵的总效率为 $\eta_p = 0.8$,则需要的电机功率为

$$P = pq/\eta_p = (5.4 \times 10^6 \times 29 \times 10^{-3}/60)/0.8\text{kW} \approx 3.3\text{kW}$$

(2) 阀类元件与辅助元件.

根据液压系统的工作压力和通过各阀类元件和辅助元件的实际流量,可选出这些元件的型号及规格,参考方案如表 7-6 所示.

表 7-6　液压元件明细表

序号	元件名称	型号	规格	调定压力/MPa
1	滤油器	XU-63x100-J	63L/min	—
2	双联叶片泵	YB-4/25	6.3MPa 25L/min、4L/min	—
3	单向阀	I-63B	6.3MPa	—
4				
5	溢流阀	YF₃-10B	6.3MPa	5.4
6	单向阀	I-63B	6.3MPa	—
7	三位五通电液阀	35DY-63BYZ	6.3MPa	—
8	单向行程调速阀	QCI-63B	6.3MPa	—
9	单向阀	I-63B	6.3MPa	—
10	背压阀	B-10B	6.3MPa	0.8
11	液控顺序阀	XY-63B	6.3MPa	2.0

5. 液压系统性能验算

(1) 回路压力损失验算.

整个回路压力损失取决于系统的具体管路布置,否则仅能根据阀类元件对系统产生的压力损失做初步估算. 由于系统的具体管路布置尚未确定,这里回路压力损失验算从略.

(2) 油液温升验算.

本液压系统主要工作时间是工作进给阶段,为简化计算,主要按工作进给阶段验算系统

温升.

工进时,液压缸负载 $F=25850\mathrm{N}$,取运动速度 $v_2=0.000833\mathrm{m/s}$,则输出功率为

$$P_O=Fv_2=25850\times 0.000833\mathrm{W}\approx 21.5\mathrm{W}$$

此时双联泵的低压大流量泵卸荷,压力近似为 0,高压小流量泵的压力为 5.4MPa,故两台泵的输出功率为

$$P_I=P_{p2}q_{p2}/\eta=5.4\times 10^6\times 4\times 10^{-3}/60/0.85\mathrm{W}\approx 423.5\mathrm{W}$$

系统允许油液温升 ΔT 最高为 $30℃$,为使温升不超过允许值,假设油箱通风良好取 $C_T=15[\mathrm{W/(m^2\cdot ℃)}]$,可按下列式子计算油箱的最小有效散热面积 A_{min},即

$$A_{min}\geqslant \frac{P_I-P_O}{\Delta TC_T}=\frac{402}{30\times 15}\mathrm{m^2}\approx 0.89\mathrm{m^2} \tag{7-21}$$

如果实际采用的油箱有效散热面积小于式(7-21)计算出来的最小有效散热面积,则须在系统中设置冷却器.

第三节　液压系统的安装调试

一、液压阀的连接

液压阀的安装连接形式与液压系统的结构形式和元件的配置形式有关.液压系统的结构形式有集中式和分散式两种,对于固定式的液压设备,常将液压系统的动力元件、控制元件集中安装在主机外的液压站上.这样方便安装与维修,可以消除动力元件振动和油温变化对主机精度的影响.分散式结构是将液压元件分散放置在主机的某些部位,和主机合为一体.其优点是结构紧凑、占地面积小、管路短,缺点是安装连接复杂,动力元件的振动和油温的变化会对主机的精度有影响.

液压阀的配置形式分为管式、板式和集成式配置三种形式.配置形式不同,系统的压力损失和元件的连接安装也有所不同.目前,阀类元件的配置形式广泛采用集成式配置的形式,具体有下列三种形式.

1. 油路板式

油路板又称阀板,如图 7-11 所示.它是一块较厚的液压元件安装板,板式阀类元件用螺钉安装在板的正面,管接头安装在板的后面或侧面,各元件之间的油路由板内的加工孔道形成.这种配置形式的优点是结构紧凑,管路短,调节方便,不易出故障;缺点是加工困难.

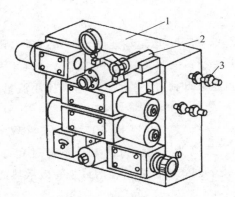

1:油路板　2:阀体　3:管接头

图 7-11　油路板配置形式

2. 集成块式

　　集成块是一块通用的六面体,四周除一面安装通向执行元件的管接头外,其余三面均可安装阀类元件,如图 7-12 所示.块内有钻孔形成的油路,一般是常用的典型回路.一个液压系统通常由几个集成块组成,块的上下面是块与块之间的结合面,各集成块与顶盖、底板一起用长螺栓叠装起来,组成整个液压系统.总进油口和回油口开在底板上,通过集成块的公共孔道直接通盖顶.这种配置形式的优点是结构紧凑,管路少,已标准化,更改设计方便,通用性好,油路压力损失小.

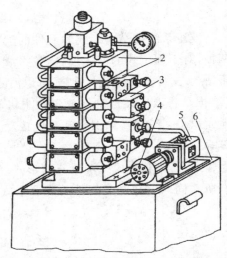

1:油管　2:集成块　3:阀　4:电动机　5:液压泵　6:油箱

图 7-12　集成块式配置

3. 叠加阀式

　　叠加阀式配置不需要另外的连接块,只要用长螺栓直接将各叠加阀装在底板上,即可组成所需的液压系统,如图 7-13 所示.这种配置形式的优点是结构紧凑,管路少,体积小,重量轻,不需专用的连接块.

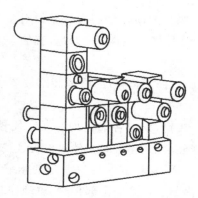

图 7-13　叠加阀式配置

二、液压系统的安装

液压系统由各种液压元件和辅助元件组成,各元件分布在设备的各个部位,它们之间由管路、管接头、连接体等零件有机地连接起来,组成一个完整的液压系统.因此,液压系统安装的正确与否,直接影响设备的工作性能和可靠性,必须认真做好这项工作.

1. 安装前的准备工作和要求

(1) 对需要安装的液压元件,特别是自制或经过修理的元件,安装时应该用煤油清洗干净并进行认真的校验,必要时须进行密封和压力试验.试验压力可取工作压力的 2 倍或最高压力的 1.5 倍.

(2) 对系统中所用的仪器仪表应进行严格地调试,确保其灵敏、准确、可靠.

(3) 仔细检查所用油管,确保每根油管完好无损.在正式装配前要进行配管安装,试装合适后拆下油管,用 20% 的硫酸或盐酸进行酸洗 30~40min,清洗液的温度为 30~40℃,然后用温度为 30~40℃ 的 10% 的苏打水中和 15min,最后用温水清洗,干燥后涂油以备安装.

(4) 安装前要熟悉液压系统工作原理图、管道连接图、有关的技术文件和泵、阀、辅助元件的安装使用方法,并准备好需要的元部件、辅件、专用和通用工具以及材料等.

(5) 保证安装场地清洁,并且有足够的维护空间,以便清洗、装配.

2. 液压系统的安装

安装时一般是按先内后外、先难后易和先精密后一般的原则进行,安装过程中必须注意以下各点:

(1) 液压缸的安装.

液压缸的安装应牢固可靠,保证液压缸的安装面与活塞杆(或柱塞)滑动面的平面度要求.为防止热膨胀的影响,在行程长、温差大、要求高时,缸的一端必须保持浮动.

(2) 泵和电动机的安装.

泵通常是通过支座或法兰安装的,支座和电动机应采用共同的基础.其基础和支座都应该有足够的刚性,以免泵运转时产生振动,增加噪声和影响泵的寿命.

液压泵传动轴和电动机驱动轴一般采用挠性联轴节连接,不允许采用带传动直接带动泵轴转动.安装时,要注意检查两轴的同轴度和安装基面对泵轴的垂直度,一般要求同轴度偏差小于0.1mm.安装联轴节时最好不要敲打,为此,有的泵在传动轴的端部做有螺纹孔,以备拧入螺钉将联轴节压入.

液压泵的进、出油口和旋转方向不得接反,吸油高度按要求安装.

(3)阀的安装.

安装时要注意各油口不要接错,一般各油口均有文字代号标明,容易辨认.方向控制阀一般应保证轴线呈水平位置安装.板式连接的元件要检查进、出油口处的密封圈是否合乎要求,安装前密封圈应突出安装平面,保证安装后有一定的压缩量,各连接螺钉应交叉、顺序、均匀地拧紧,并使元件安装平面与底板平面全部接触.机动控制阀的安装一般要注意凸轮或挡块的行程,以及与阀之间的接近距离,以免试车时撞坏.

(4)油管的安装.

安装时各接头必须拧紧,以免漏油,尤其是泵的吸油管,不得漏气.在接头处涂以密封胶,可提高油管的密封性.接头上的钢质或尼龙材料的密封垫,厚度应符合要求,应保证接头拧紧时有一定的压缩量,否则会漏油.油管穿过油箱应加密封装置.

吸油管、回油管应在油面以下有足够的深度,防止产生泡沫.系统漏油油路不应有背压,应单独设置回油管且出口端部在油面之上.

吸油管上应设置过滤器,过滤精度为0.1～0.2mm,有足够的通流能力.

溢流阀的回油口应尽量远离泵的吸油口,管路的布置要整齐,油管长度应尽量短,安装要牢靠,各平行与交叉油管之间应有10mm以上的空隙.刚性差的管路应可靠地固定,当拆卸复杂的系统管路时,为了避免重新安装时装错,可着色或编号加以区分.

系统中的主要管路和过滤器、蓄能器、压力计、流量计等辅助元件,应能自由拆装而不影响其他元件.布置活动接头时,应保证其拆装方便.各指示表的安装应便于观察和维修.

安装时,不要忘记取掉塑料塞或其他堵孔的东西,应最后检查一下元件或管内是否留有其他东西.

三、液压系统的清洗

新制成或修理后的液压设备,当液压系统安装好后,在试车以前必须对管路系统进行清洗,对于较复杂的系统可分区域对各部分进行清洗,要求高的系统可以分两次清洗.

第一次清洗,以回路为主.清洗前应先清洗油箱并用绸布或乙烯树脂海绵等擦净,然后注入油箱容量60％～70％的工作油或试车油(不能用煤油、汽油、酒精、蒸汽等);再将执行元件的进、出油管断开,并将其对接起来,将溢流阀及其他阀的排油回路在阀前进油口处临时切断,在主回油管处装上80～150目(根据过滤精度而定)的过滤网.为了提高清洗效果,将清洗油加热到50～80℃,并使泵做间歇运转,且在清洗过程中用木棍或橡皮锤不断轻轻敲击油管.清洗时间视系统复杂程度而定,要一直清洗到过滤器上无大量的污染物为止,一般为十几个小时.第一次清洗结束后,应将系统中的油液全部排出,并清洗油箱,用绸布或乙烯树脂海绵等擦净.对于新装的设备,液压泵应在油温降低后再停止运转,以减少湿气停留在液压元件内部而使元件生锈的情况的出现.对于不是新装的设备,应使油温升高后再排出,以便使可溶性油垢更多地溶解在清洗油中被排出.

第二次清洗,清洗前先将系统按正式工作回路接好,然后注入实际工作所用的油液,起动液压泵对系统进行清洗,使执行机构连续动作.清洗时间一般为 1～3h.清洗结束时,过滤器的滤网上应无杂质.这次清洗后的油液可以继续使用.

四、液压系统的调试

新设备及修理后的设备,在安装和几何精度检验合格后必须进行调试,使其液压系统的性能达到预定的要求,调试的一般方法和步骤如下所述.

1. 外观检查

全面检查系统中各元件的规格是否与设计图样相符,管路连接和电气连接是否正确齐全和牢固;系统中是否有空循环回路;泵和电动机的转速、转向是否正确;电动机和电磁阀电源的电压、频率及电压的变化是否符合要求;油液的品种和牌号是否合适;油面高度是否在规定的范围内.此外,还应将控制手柄置于关闭或卸荷位置,将各压力阀的调压弹簧松开,将各行程挡块移至合适的位置,检查各仪表起始位置是否正确,检查运动涉及的各空间大小是否满足要求;然后向要在泵内灌油的泵灌油.待各处按试车要求调整好之后,方可合闸,准备试车.

2. 空载调试

空载调试是指系统在空载运转条件下检查液压装置的工作情况.其调试方法如下:

(1)启动液压泵电动机.

从断续直至连续启动液压泵电动机,若系统中有两个以上的大电动机,则应先后启动,以免电路超载跳闸;若系统中控制油路由控制液压泵单独供油,则应先启动控制液压泵,启动液压泵后,观察泵的工作情况,若排油及工作正常即可调试.

(2)压力阀的调整.

对各压力阀及压力继电器应按其在液压系统原理图上的位置,从泵源附近的压力阀开始依次调整,调整应在运动部件处于"停"位或低速运动状态下进行,压力由低到高,边观察压力计及油路工作情况边调整,注意检查系统各管道连接处、液压元件接合面处是否漏油,直至调至其规定值.将压力阀的锁紧螺母拧紧,并将相应的压力计油路关闭,以防止压力数值变动使压力计损坏.调整压力继电器时,应先调整返回区间,然后调整主弹簧.对于失压发信号的压力继电器,其调整压力应低于回油路背压阀的调整压力.

主油路液压泵出口处安全阀的调整压力,一般大于推动执行元件所需工作压力的 10%～25%;快速运动液压泵的压力阀调整压力,一般大于所需压力的 10%～20%.卸荷压力一般应小于 0.1～0.2MPa,用卸荷压力油给控制油路和润滑油路供油时,其卸荷压力应保持 0.3～0.6MPa.压力继电器的调整压力一般低于供油压力 0.3～0.5MPa.

(3)液压缸的排气.

按下相应的按钮,使运动部件速度由低到高、行程由小到大运行,直到全行程快速往复运动,打开排气阀或排气塞,使缸多次往复运动后,即可使缸内空气排出.对于压力高的液压系统应适当降低压力,一般降到0.5~1MPa左右,以能使液压缸全行程往复运动为宜.排气塞排气时,可听到"嘘嘘"的排气声或看到喷出白浊的泡沫状油液,空气排尽时喷出的油液透明,无气泡.当缸内空气排完后,应将排气塞或排气阀关闭.对于精密设备用液压缸,应注意排气操作.

(4)流量阀的调整.

流量阀在液压缸排气时已从小逐步开到最大,调整运动部件速度时,应先使液压缸的速度最大,然后逐渐关小流量阀并观察系统能否达到最低稳定速度,其平稳性如何,再按工作要求的速度来调节流量阀.对于调节润滑油流量的流量阀要仔细调整,因润滑油流量太少,达不到润滑的目的,而过多也会带来不良的影响.例如,导轨面的润滑油太多,会使运动部件"飘浮"起来而影响运动精度.对于调节换向时间或起缓冲作用的节流阀,应先将节流阀调在较小的位置上,然后逐渐调大节流口,直到满足要求为止,并在调好后将锁紧螺母拧紧.

(5)行程控制元件位置的调整.

行程挡铁常用于控制行程阀、行程开关、微动开关的动作,以使运动部件获得预定的运动或运动的自动转换.因此,行程挡铁的位置应按设计要求在调试时一一仔细调整好并牢固地紧固在预定的位置.死挡铁的位置应按要求事先调好,死挡铁处若有延时继电器,也应一并调好.

以上各项工作往往是相互联系、穿插进行的,常常须反复地测试、调整.复杂的液压系统可能有多个泵、多个执行元件,各执行元件的运动常按一定的顺序或同步、交叉进行,更须花费一定时间进行仔细调试.调试时,要注意检查所有安全保护装置工作的正确性和可靠性.

各工作部件在空载条件下,按预定的工作循环或工作顺序连续运转2~4h后,应检查油温及液压系统所要求的各项精度,一切正常后,才能进入负载调试阶段.

3.负载调试

负载调试时,一般应先在低于最大负载和速度的情况下试车,如一切正常,才逐渐将负载加至最大,速度调至规定值.每升一级都应使执行元件往复数次或工作一段时间,然后按要求检查各处的工作情况,特别要注意检查安全保护装置工作是否可靠.若系统工作正常,再将油箱中的全部油液放出,清洗油箱,调试使用过的液压油经精密过滤后可重新注入使用,或重新注入规定的液压油,交给操作者使用.

调试应有书面记载,作为以后设备维修的技术数据,以便于设备出现故障时进行分析和排除.调试结束时,应对设备和液压系统做出评价.

第四节　液压系统的使用与维护

对液压设备正确使用和精心保养,可以防止机件过早磨损和遭受不应有的损坏,从而减少故障发生,有效地延长使用寿命.对液压系统进行主动保养预防性维护,进行有计划的检修,可以使液压系统经常处于良好的技术状态,发挥应有效能.

一、液压系统使用注意事项

（1）操作者应掌握液压系统的工作原理,熟悉各种操作要点、调节手柄的位置和旋向等.

（2）开车前应检查系统上的各调节手轮、手柄是否被无关人员动过,电气开关和行程开关的位置是否正常,工具的安装是否正确、牢固等,再对导轨和活塞杆的外露部分进行擦拭后才可开车.

（3）开车前应检查油温,若油温低于 10℃,则可将泵开停数次,进行升温,一般应空载运转 20min 以上才能加载运转.若室温在 0℃以下,则应采取加热措施后再启动.若有条件,可根据季节更换不同黏度的液压油.

（4）工作中应随时注意油位高度和温升,一般油液的工作温度在 35～60℃较合适.

（5）液压油要定期检查和更换,保持油液清洁.对于新投入使用的设备,使用三个月左右应清洗油箱,更换新油,以后按设备说明书的要求每隔半年或一年进行一次清洗和换油.

（6）使用中应注意过滤器的工作情况,滤芯应定期清洗或更换.平时要防止杂质进入油箱.

（7）若设备长期不用,则应将各调节旋钮全部放松,以防止弹簧产生永久变形而影响元件的性能,甚至导致液压故障的发生.

二、液压设备的维护保养

维护保养应分日常维护、定期检查和综合检查三个阶段进行.

（1）日常维护.日常维护通常是用目视、耳听及手触感觉等比较简单的方法,在泵启动前、后和停止运转前检查油量、油温、压力、漏油、噪声以及振动等情况,并随之进行维护和保养.对重要的设备应填写"日常维护卡".

（2）定期检查.定期检查的内容包括:调查日常维护中发现异常现象的原因并进行排除;对需要维修的部位,必要时进行分解检修.定期检查的时间间隔一般与过滤器的检修期相同,通常为 2～3 个月.

（3）综合检查.综合检查大约一年一次,其主要内容是检查液压装置的各元件和部件,判断其性能和寿命,并对产生故障的部位进行检修,对经常发生故障的部位提出改进意见.综合检查的方法主要是分解检查,要重点排除一年内可能产生的故障因素.

定期检查和综合检查均应做好记录,以作为设备出现故障查找原因或设备大修的依据.

第五节　液压系统故障诊断方法

液压系统故障诊断本身是一个新的课题,它是人们在使用、维护液压设备过程中长期积累起来的经验总结,是人类生产知识宝库中的一个重要组成部分.

一、液压系统发生故障的概率和原因

液压系统的故障是多种多样的,虽然控制油液的污染度和及时维护检查可减少故障的发生,但不能完全杜绝故障.液压设备液压故障的分布如图 7-14 所示,其中故障率 $\lambda(t)$ 与工作时间的关系为一浴盆曲线,由三个区段组成.A 段为早期故障期,其故障称为早发性液压故障,此期间发生故障多因调整不当,另外,设计不良、制造或安装方面存在的问题也会不断暴露出来,因而在开始投入运行时有较高的故障

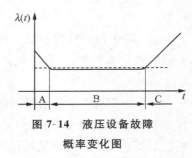

图 7-14　液压设备故障概率变化图

率.但随着液压系统运行时间的延长和对出现的液压故障不断进行排除、改造和修理,故障率便逐渐降低.B 段为有效寿命故障期,其故障称为随机性液压故障,这段时间内故障偶然有所发生,故障率很低且大致趋于稳定,是液压系统工作的最佳时期.C 段为磨损故障期,其故障是渐发性故障,产生这类故障是由元件的磨损、腐蚀、疲劳及老化等引起的,故其故障率随时间的延长而升高.

由此可见,如果提高液压元件的质量和加强液压设备整机的调试工作,就可以缩短 A 段时间;及时维护保养,可以延长 B 段时间,并可将故障率降低到最低限度;定期检查和及时更换已磨损的液压元件或组件,可以推迟 C 段的到来,延长使用期限.

一般来说,液压系统的故障往往是诸多因素综合影响的结果.故障主要包括:

(1) 由于液压油和液压元件使用维护不当,使液压元件性能变坏、损坏、失灵而引起的故障.

(2) 装配、调整不当引起的故障.

(3) 由于设备年久失修、零件磨损、精度超差或元件制造不当引起的故障.

(4) 元件选用和回路设计不当引起的故障.

前几种故障可以用修理或调整的方法解决,后一种必须根据实际情况,弄清原因后进行改进.

二、液压系统故障诊断的步骤

一个设计良好的液压系统与同等复杂程度的机械式或电气式机构相比,故障发生的概

率较低,但寻找故障的部位比较困难,其原因主要是:

(1)液压故障具有隐蔽性.液压部件的机构和油液封闭在壳体和管道内,当故障发生后不像机械传动故障那样容易直接观察到,也不像电气传动那样测量方便,所以确定液压故障的部位和原因是费时的.

(2)液压故障具有难于判断性.影响液压系统正常工作的原因,有些是渐发的,如因零件受损引起配合间隙逐渐增大、密封件的材质逐渐恶化等渐发性故障;有些是突发的,如元件因异物突然卡死、动作失灵所引起的突发性故障;也有些是系统中各液压元件综合性因素所致,如元件规格选择、配置不合理等,使很难实现设计要求;有时还会因机械、电气及外界因素影响引起液压系统故障.以上这些因素都给分析故障的原因增加了难度,甚至难于判断.

(3)液压故障具有可变性.由于系统中各个液压元件的动作是相互影响的,所以一个故障排除了,往往又会出现另一种故障,因此,在检查、分析、排除故障时,必须注意液压系统的严密性.

近年来,在设备维修部门开始采用状态监测技术,从而做到预防故障,给维修提供了依据.采用状态监控技术可以在液压系统运行中或基本上不拆卸零件的情况下,了解和掌握系统运行状况,判断出故障的部位和原因,并能预测出液压系统未来的技术状态.虽然液压故障诊断的方法有多种,但一般按以下步骤进行:

(1)熟悉性能和资料.在查找故障前,首先要了解设备的性能,反复钻研液压系统图,将其彻底弄通.不但要弄清各元件的性能和在系统中的作用,还要弄清它们之间的联系和型号、生产厂家、出厂年月等情况;然后在弄清原理的基础上,再对液压系统进行全面的分析.

(2)调查情况、现场考察.要向操作者询问设备出现故障前后的状况和现象,产生故障的部位和故障现象.如果设备还能动作,应亲自启动设备,查找故障部位并观察液压系统的压力变化和工作情况,听听噪声,查查漏油等.对照本次故障现象查阅技术档案,了解设备运行历史和当前的状况.

(3)归纳分析、排除故障.将现场观察到的情况、操作者提供的情况和历史记载的资料进行综合分析,查找故障原因.目前常用的追查液压故障的基本方法有顺向分析法和逆向分析法.顺向分析法就是从引起故障的各种原因出发,逐个分析各种原因对液压故障影响的分析方法,这种分析方法对预防液压故障的发生、预测和监视液压故障具有重要的作用.逆向分析法就是从液压故障的结果向引起故障的原因进行分析的方法.这种分析方法是常用的液压故障分析方法,其目的明确,查找故障较简便,故应用较为广泛.分析时要注意到事物的相互联系,逐步缩小范围,直到准确地判断出故障部位,然后拟定排除故障的方案并组织实施.

(4)总结经验.排除故障,取得了成绩,应加以总结.将本次产生故障的现象、部位及排除方法归入设备技术档案,作为原始资料记载,积累维修工作的实际经验.

三、液压系统故障诊断的方法

液压系统故障诊断的方法很多,一般可分为简易诊断和精密诊断.简易诊断技术又称主观诊断法,它是指靠维修人员利用简单的诊断仪器和凭个人的实践经验对液压系统出现的故障进行诊断,判断产生故障的部位和原因.这是近几十年来,将液压故障诊断经验上升为诊断理论的一种"中医辨证诊断"模式.它主要是通过人的感觉和简单的仪器进行检测,故称感觉诊断法,这种方法简便易行,目前应用广泛.现介绍感觉诊断法的主要方法.

(1) 视觉诊断法.用眼睛观察液压系统工作的真实现象:观察执行机构的运动情况;观察液压系统各测压点的压力值及波动大小;观察油液的温度是多少,油液是否清洁、是否变质,油量是否满足要求,油的黏度是否符合要求,油的表面是否有泡沫;观察液压管路各接头处、阀板结合处、液压缸端盖处、液压泵传动轴处等,是否有渗漏、滴漏和出现油垢现象,一滴油约为 0.05mL;观察液压缸活塞杆或工作台等运动部件工作时有无跳动等现象;观察从设备加工出来的产品,判断运动机构的工作状态,系统压力和流量的稳定性;观察电磁铁的吸合情况,判断电磁铁的工作状态.为判断液压元件各油口之间的通断情况,可用灌油法(或吹烟法),将清洁的液压油倒入某油口,出油的油口为相通口,不出油的油口为不相通口.

(2) 听觉诊断法.用耳听判断液压系统或液压元件的工作是否正常等:听液压泵和液压系统噪声是否过大,溢流阀等元件是否有尖叫声;听工作台换向时冲击声是否过大,液压缸活塞是否有冲击缸底的声音;听油路板内部是否有微细而连续不断的声音;听液压泵运转时是否有敲打声;听电磁换向阀的工作状态,电磁铁发出"嗡嗡"声是正常的,若发出冲击声,则是由于阀芯动作过快或电磁铁铁芯接触不良或压力差太大;听液压元件和管道内是否有液体流动声或其他声音.听检判断液压油在油管中的流通情况,可用一根钢质杆,一端贴在耳边,一端与油管外壁接触,听到的管内的"轰轰"声,为压力高而流速快的压力油在油管内的流动声;听到的管内的"嗡嗡"声,为管内无油液而液压泵运转时的共振声;听到的管内的"哗哗"声,为管内一般压力油的流动声;若一边敲击油管一边听检,听到清脆声为油管中没有油液,听到闷声为管中有油液.

(3) 触觉诊断法.用手摸运动部件的温升和工作状况:用手摸液压泵外壳、油箱外壁和阀体外壳的温度.若手指触摸感觉较凉,则约为 5～10℃;若手指触摸感觉暖而不烫,则约为 20℃;若手指触摸感觉热而烫但能忍受,则约为 40～50℃;若手指触摸感觉烫并只能忍耐 2～3s,则约为 50～60℃;若手指触摸感觉烫并急缩回,则约为 70℃以上.一般温度在 60℃以上,就应检查原因.用手摸运动部件和油管,可以感到有无振动,一般用食指、中指、无名指一起接触振动体,以判断其振动情况.若手指略有微脉振感,则为微弱振动;若手指觉得有颤抖抖振感,则为一般振动;若手指觉得有颤抖振感,则为中等振动;若手指觉得有跳抖振感,则为强振动.用手摸油管,可判断管内有无油液流动.若手指没有任何振感,则为无油的空油管;若手指有不间断的连续微振感,则为有压力油的油管;若手指有无规则震颤感,则为有少量压力波动油的油管.用手摸工作台,可判断其慢速移动时有无爬行现象.用手摸挡铁、微动开关等控制部件,可判断其紧固螺钉的松紧程度.

(4) 嗅觉诊断法.闻液压油是否有焦臭味,若闻到液压油局部有"焦化"气味,则为液压泵等液压元件局部发热使周围液压油被烤焦,据此可判断其发热部位及原因;闻液压油是否有恶臭味或刺鼻的辣味,若有则说明液压油已严重污染,不能继续使用.闻工作环境中是否有异味,以判断电气元件绝缘是否烧坏等.

四、液压系统维修的原则

在液压系统中,由于液压元件都在充分润滑的条件下工作,液压系统均有可靠的过载保护装置(如安全阀等),很少发生金属零件破损、严重磨损等现象.对液压系统的修理可以总结为"观察、分析、严密、调整"八个字,即在"观察"上打基础,在"分析"上花时间,在"严密"上下功夫,在"调整"上找出路.大多数故障通过调整的办法可以排除,有些故障可用更换易损件(如密封圈等)、换液压油甚至更换个别标准液压元件或清洗液压元件的办法排除,只有部分故障因设备使用年久,精度不够,须修复才能恢复其性能.因此,排除故障时应注意采用"先外后内、先调后拆、先洗后修"的步骤,尽量通过调整来实现,只有在万不得已的情况下才大拆大卸.在清洗液压元件时,要用毛刷、绸布、塑料泡沫或海绵等,不能用棉布或棉纱等来擦洗液压元件,以免堵塞微小的通道.

五、液压系统拆卸应注意的问题

(1)在拆卸液压系统以前,必须弄清液压回路内是否有残余的压力,把溢流阀完全松开.拆卸装有蓄能器的液压系统之前,必须把蓄能器所蓄能量全部释放出来.如果不了解系统回路中有无残余压力而盲目拆卸,可能发生重大机械或人身事故.

(2)在拆装液压机械时,应将能做空间运动的运动部件(如挖掘机、推土机等)放至地面,或用立柱支好,不要将立柱支承在液压缸或活塞杆上,以免液压缸承受横向力.

(3)液压系统的拆卸最好按部件进行,从待修的机械上拆下一个部件,经性能试验,不合格者才进一步分解拆卸,检查修理.

(4)液压系统的拆卸操作应十分仔细,以减少损伤.

(5)拆卸时不得乱敲乱打,零件不得碰撞,以防损坏螺纹和密封表面.

(6)在拆卸液压缸时,不应将活塞和活塞杆硬性地从缸体中打出,以免损伤缸体表面.正确的方法是,在拆卸前,依靠液压力使活塞移动到缸体的任意一个末端,然后进行拆卸.

(7)拆下零件的螺纹部分和密封面要分别装入塑料袋中保存.

(8)在拆卸油管时,要及时在拆下的油管上挂标签,以防装错位置.对拆下来的油管,要用冲洗设备将管内冲洗干净,再用压缩空气吹干,然后在管端堵上塑料塞.拆卸下来的泵、马达和阀的油口,也要用塑料塞塞好,或者用胶布、胶纸粘盖好.在没有塑料塞时,用塑料袋套在管口上,然后用胶布、胶纸粘牢.禁止用碎纸、棉纱或破布代替塑料袋或塑料塞.

思考与练习

一、填空题

1. 液压系统安装时,一般按_____、_____和_____的原则进行.

2. 安装液压泵和液压阀时,必须注意各油口位置,不能_____.

3. 工况分析是指_____分析和_____分析.

4. 新制成或修理后的液压设备,当安装好后,在试车前必须对系统进行清洗,要求高的系统分两次清洗,第一次清洗,以_____为主.第二次清洗,对_____清洗.

5. 在对液压缸进行负载分析时,其外工作负载包括_____、_____、_____、_____.

6. 液压系统的调试分为_____、_____、_____.

7. 通过_____可以找出最高压力点、最大流量点和最大功率点.

8. 在设计系统时,要求执行元件具有良好的低速稳定性,又要求尽量减少能量损失,应采用_____调速回路.

9. 液压设备的维护保养分_____、_____和_____三个阶段进行.

10. 寻找液压故障难的原因是液压故障具有_____、_____、_____.

11. 追查液压故障的基本方法有_____和_____.

12. 液压故障的诊断方法有_____和_____.

二、判断题

1. 为了维护方便,液压泵安装在液面 0.5m 以上的地方. ( )

2. 蓄能器、压力计、流量计等辅助元件应安装在能自由拆装而不影响其他元件的位置. ( )

3. 液压系统中的能量损失将变为热能,使油温升高. ( )

4. 在行程长、温度变化大、要求高的液压系统中,液压缸的两端必须完全固定. ( )

5. 在选择液压阀时,所选阀的公称压力要小于实际工作压力. ( )

6. 新装的或修理后的设备,管道安装完成后,即可进行试车. ( )

7. 吸油管、回油管应装在液面以下足够深度处. ( )

8. 液压缸的最低稳定速度与流量阀的最小稳定流量无关. ( )

9. 系统泄漏油路应有背压,以便运动平稳. ( )

10. 在清洗液压元件时,应用棉布擦洗. ( )

三、设计题

1. 设计一台专用铣床液压系统,机床工作台的移动及工件的压紧采用液压传动.要求实现的工作循环为:夹紧→快进→工作进给→快退→原位停止→松开工件,工作进给速度为 60~1000mm/min,快速运动速度为 4.5mm/min,工作进给行程为 200mm,工作总行程为 400mm,最大切削力为 9000N,工作台加速、减速时间为 0.05s,工作台自重 1000N,采用平导轨.

2. 钻床工作时要用到两个液压缸,一个液压缸 A 用于夹紧工件,另一个液压缸 B 用于带动钻头进行进给运动.请根据要求正确设计并连接液压系统回路图.

(1) 夹紧缸 A 先工作,且其工作压力小于系统最大工作压力.

(2) 当夹紧缸 A 完成夹紧动作后,进给缸 B 才开始工作,并且进给速度可调;当进给缸 B 停止运动时,要采取必要的措施防止钻头因自重下滑.

(3) 标出油路中各元件的名称.

3. 按要求设计液压回路.

(1) 液压缸可实现快进(差动连接)、工进和快退等动作,工进时速度可准确调节.

(2) 油路系统中要有二级调压油路.

(3) 标出油路中各元件的名称.

第八章　气压传动系统工作原理与组成

气压传动是以压缩空气为工作介质传递动力和控制信号的一门技术,包含传动和控制两方面的内容.

1776 年 John Wilkinson 发明能产生 1 个大气压左右压力的空气压缩机. 1880 年,人们第一次利用气缸做成气动刹车装置,将它成功地用到火车的制动上. 20 世纪 30 年代初,气压传动技术成功地应用于自动门的开闭及各种机械的辅助动作上. 进入到 60 年代尤其是近几年,由于气压传动技术相对于机械传动、电传动及液压传动而言有许多突出优点,因而发展十分迅速,现在气压传动技术结合了液压、机械、电气和电子技术的众多优点,并与它们相互补充,成为实现生产过程自动化的一个重要手段,在机械、冶金、纺织、食品、化工、交通运输、航空航天、国防建设等各个部门已得到广泛的应用.

气压传动与液压传动一样,都是利用流体作为工作介质进行传动的,在工作原理、系统组成、元件结构及图形符号等方面,两者存在着很多相似之处,所以在学习本章内容时,可以参考和借鉴前面液压传动的相关知识.

第一节　气压传动基础知识

一、气压传动系统工作原理

以下以气动剪切机为例,介绍气压传动的工作原理. 应重点理解气动系统如何进行能量信号传递,如何实现控制自动化. 如图 8-1 所示为气动剪切机的工作原理图,图示位置为剪切前的情况.

在图 8-1 所示的系统中,空气压缩机 1 产生的压缩空气经后冷却器 2、油水分离器 3、贮气罐 4、分水滤气器 5、减压阀 6、油雾器 7 到达换向阀 9,部分气体经节流通路进入换向阀 9 的下腔,使上腔弹簧压缩,换向阀阀芯位于上端;部分压缩空气经换向阀 9 后由 b 路进入气缸 10 的上腔,而气缸的下腔经 c 路、换向阀与大气相通,故气缸活塞处于最下端位置. 当上料装置把工料 11 送入剪切机并到达规定位置时,工料压下行程阀 8,此时换向阀阀芯下腔压缩空气经 d 路、行程阀 8 排入大气,在弹簧的推动下,换向阀阀芯向下运动至下端;压缩空气则经换向阀后由 c 路进入气缸的下腔. 上腔经 b 路、换向阀与大气相通,气缸活塞向上运动,剪刃随之上行剪断工料. 工料被剪下后,即与行程阀脱开,行程阀阀芯在弹簧作用下复位,d路堵死,换向阀阀芯上移,气缸活塞向下运动,又恢复到剪断前的状态.

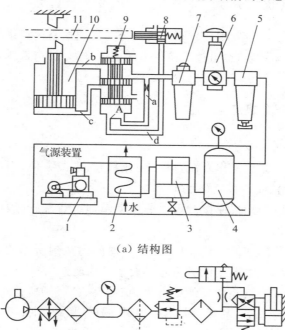

（a）结构图

（b）图形符号

1:空气压缩机　2:后冷却器　3:油水分离器　4:贮气罐　5:分水滤气器
6:减压阀　7:油雾器　8:行程阀　9:换向阀　10:气缸　11:工料

图 8-1　气动剪切机的工作原理图

由以上分析可知,剪刃克服阻力剪断工料的机械能来自于压缩空气的压力能;负责提供压缩空气的是空气压缩机;气路中的换向阀、行程阀起改变气体流动方向,控制气缸活塞运动方向的作用. 如图 8-1(b)所示为用图形符号(又称职能符号)绘制的气动剪切机系统原理图.

二、气压传动系统的组成

根据气动元件和装置的不同功能,可将气压传动系统分成以下四部分:

（1）气源装置:获得压缩空气的装置,其主体部分是空气压缩机,将原动机供给的机械能转变为气体的压力能,还包括储气罐等辅助设备.

（2）控制元件:用来控制压缩空气的压力、流量和流动方向,以便使执行机构完成预定的工作循环,包括各种压力控制阀、流量控制阀和方向控制阀等.

（3）执行元件:将气体的压力能转换成机械能的一种能量转换装置,包括实现直线往复运动的气缸和实现连续回转运动或摆动的气马达或摆动马达等.

（4）辅助元件:保证压缩空气的净化、元件的润滑、元件间的连接及消声等所必需的元件,包括过滤器、油雾器、管接头及消声器等.

三、气压传动系统的分类

根据选用的控制元件类型,气压传动系统可分为气阀控制气动系统、逻辑元件控制气动系统、射流元件控制气动系统;也可按工作压力的高低分为低压、常压等系统.本书重点介绍气阀控制气动系统.

四、气压传动的优缺点

1. 气压传动的优点

(1) 使用方便.空气作为工作介质,空气到处都有,来源方便,用过以后直接排入大气,不会污染环境,可少设置或不必设置回气管道.

(2) 系统组装方便.使用快速接头可以非常简单地进行配管,因此系统的组装、维修以及元件的更换比较简单.

(3) 快速性好.动作迅速反应快,可在较短的时间内达到所需的压力和速度.在一定的超载运行下也能保证系统安全工作,并且不易发生过热现象.

(4) 安全可靠.压缩空气不会爆炸或着火,在易燃、易爆场所使用不需要昂贵的防爆设施.可安全可靠地应用于易燃、易爆、多尘埃、辐射、强磁、振动、冲击等恶劣的环境中.

(5) 储存方便.气压具有较高的自保持能力,压缩空气可储存在贮气罐内,随时取用.即使压缩机停止运行,气阀关闭,气动系统仍可维持稳定的压力.故无须压缩机连续运转.

(6) 可远距离传输.由于空气的黏度小,流动阻力小,管道中空气流动的沿程压力损失小,有利于介质集中供应和远距离输送.不论距离远近,空气极易由管道输送.

(7) 能实现过载保护.气动机构与工作部件可在超载时停止不动,因此无过载的危险.

(8) 清洁.基本无污染,这对于要求高净化、无污染的场合,如食品、印刷、木材和纺织工业等极为重要,气动具有独特的适应能力,优于液压、电子、电气控制.

2. 气压传动的缺点

(1) 速度稳定性差.由于空气可压缩性大,气缸的运动速度易随负载的变化而变化,稳定性较差,给位置控制和速度控制精度带来较大影响.

(2) 须进行净化和润滑.对压缩空气必须有良好的处理,去除其含有的灰尘和水分.空气本身没有润滑性,系统中必须采取措施对元件进行给油润滑,如加油雾器等装置进行供油润滑.

(3) 输出力小.由于经济工作压力低(一般低于 0.8MPa),因而气动系统输出力小,在相同输出力的情况下,气动装置比液压装置尺寸大.输出力限制在 20～30kN 之间.

(4) 噪声大.排放空气的声音很大,须加装消音器,现在这个问题已因吸音材料和消音器的发展大部分获得解决.

3. 气压传动与其他传动方式的比较

气动和其他传动与控制方式的比较如表 8-1 所示.

表 8-1 气动和其他传动与控制方式的比较

控制方式	机械方式	电气方式	电子方式	液压方式	气动方式
驱动力	不太大	不太大	小	大(可达数百 kN)以上)	稍大(可达数十 kN)
驱动速度	小	大	大	小	大
响应速度	中	大	大	大	稍大
特性受载荷的影响	几乎没有	几乎没有	几乎没有	较小	大
构造	普通	稍复杂	复杂	稍复杂	简单
配线、配管	无	较简单	复杂	复杂	稍复杂
温度影响	普通	大	大	小于 70℃,普通	小于 100℃,普通
防潮性	普通	差	差	普通	注意排放冷凝水
防腐蚀性	普通	差	差	普通	普通
防振性	普通	差	特差	普通	普通
定位精度	良好	良好	良好	稍好	稍差
维护	简单	有技术要求	技术要求高	简单	简单
危险性	无	注意漏电	无	注意防火	基本无
信号转换	难	易	易	难	较难
远程操作	难	易	易	较易	易
动力源出现故障时	不动作	不动作	不动作	若有蓄能器,能短时间应付	有一定应付能力
安装自由度	小	有	有	有	有
无级变速	稍困难	稍困难	良好	良好	稍好
速度调整	稍困难	容易	容易	容易	稍困难
价格	普通	稍高	高	稍高	普通
备注	由凸轮、螺钉、杠杆、连杆、齿轮、棘轮、棘爪和传动轴等机件组成的驱动系统,主要动力源为电动机	驱动系统作为动力源,和其他的电磁离合器、制动器等机械方式并用;控制系统由限位开关、继电器、延时器等组成	由半导体元件等组成的控制方式	驱动系统由液压缸等组成;控制系统由各种液压控制阀等组成	驱动系统由气缸等组成;控制系统由各种气动控制阀等组成

第二节　气源装置及辅助元件

气压传动系统中的气源装置为气动系统提供满足一定质量要求的压缩空气,它是气压传动系统的重要组成部分.由空气压缩机产生的压缩空气,必须经过降温、净化、减压、稳压等一系列处理后,才能供给控制元件和执行元件使用.而用过的压缩空气排向大气时,会产生噪声,应采取措施,降低噪声,改善劳动条件和环境质量.

一、压缩空气的质量要求

1. 要求压缩空气具有一定的压力和足够的流量

因为压缩空气是气动装置的动力源,没有一定的压力不但不能保证执行机构产生足够的推力,甚至连控制机构都难以正确地动作;没有足够的流量,就不能满足执行机构运动速度和程序的要求等.总之,压缩空气没有一定的压力和流量,气动装置的一切功能均无法实现.

2. 要求压缩空气有一定的清洁度和干燥度

满足清洁度要求是指气源中含油量、含灰尘杂质的质量及灰尘杂质颗粒的大小都要控制在很低的范围内.干燥度是指压缩空气中含水量的多少,气动装置要求压缩空气的含水量越低越好.

由空气压缩机排出的压缩空气,虽然能满足一定的压力和流量的要求,但不能为气动装置所使用.一般气动设备所使用的空气压缩机都属于工作压力较低(小于1MPa).用油润滑的活塞式空气压缩机,从大气中吸入含有水分和灰尘的空气,经压缩后,空气温度提高到140~180℃,这时空气压缩机气缸中的润滑油也部分成为气态,这样油分、水分以及灰尘便形成混合的胶体微尘与杂质混在压缩空气中一同被排出.如果将此压缩空气直接输送给气动装置使用,将会产生下列影响:

(1)混在压缩空气中的油蒸气可能聚集在贮气罐、管道、气动系统的容器中形成易燃物,有引起爆炸的危险;另一方面,润滑油被汽化后,会形成一种有机酸,对金属设备、气动装置有腐蚀作用,影响设备的寿命.

(2)混在压缩空气中的杂质能沉积在管道和气动元件的通道内,减少了通道面积,增加了管道阻力.特别是对内径只有0.2~0.5mm的某些气动元件会造成阻塞,使压力信号不能正确传递,整个气动系统不能稳定工作甚至失灵.

(3)压缩空气中含有的饱和水分,在一定的条件下会凝结成水,并聚集在个别管道中.在寒冷的冬季,凝结的水会使管道及附件结冰而损坏,影响气动装置的正常工作.

(4)压缩空气中的灰尘等杂质,对气动系统中做往复运动或转动的气动元件(如气缸、气马达、气动换向阀等)的运动副会产生研磨作用,使这些元件因漏气而降低效率,影响它的使用寿命.

　　因此气源装置必须设置一些除油、除水、除尘,并使压缩空气干燥,提高压缩空气质量,进行气源净化处理的辅助设备.

二、气源装置的组成

　　气源装置的主体是空气压缩机.由空气压缩机产生的压缩空气,因含有过多的杂质,不能直接使用,必须经过降温、除尘、除油、过滤等一系列处理后才能用于气压系统.

　　气源装置一般由空气压缩机、净化储存压缩空气的装置和设备、气动三大件以及传输压缩空气的管道系统四个部分组成,如图8-2所示.空气首先经过空气过滤器滤除部分灰尘和杂质后进入空气压缩机1,一般由电动机带动进行压缩;压缩空气先进入后冷却器2进行冷却,当温度下降到40~50℃时汽化的水、油凝结为液态;进入油水分离器3,将大部分水、油、杂质等从气体中分离并排出;得到的初步净化的压缩空气送入储气罐4(一般称为一次净化系统).对于要求不高的气压系统可由储气罐直接供气,但对仪表用气和质量要求高的工业用气,则必须进行二次和多次净化.将储气罐中的压缩空气再送进干燥器5,进一步除去气体中残留的水分和油.在净化系统中干燥器Ⅰ和干燥器Ⅱ交换使用,其中闲置的一个将加热器8吹入的热空气进行再生,以备接替使用.四通阀9用于转换两个干燥器的工作状态,过滤器6的作用是进一步清除压缩空气中的渣子和油气.经过处理的气体进入储气罐7,可供气动设备和仪表使用.图中气动三大件未画出.

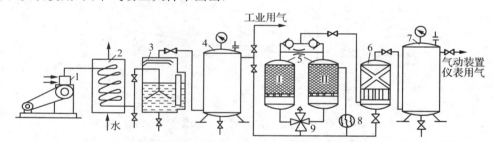

1:空气压缩机　2:后冷却器　3:油水分离器　4、7:储气罐　5:干燥器　6:过滤器　8:加热器　9:四通阀

图 8-2　气源系统组成示意图

三、空气压缩机

1. 空气压缩机的种类

　　空气压缩机是一种气压发生装置,它是将机械能转化成气体压力能的能量转换装置,其种类很多,分类形式也有数种.如按其工作原理可分为容积式空压机和速度式空压机,容积式空压机的工作原理是压缩气体的体积,使单位体积内气体分子的密度增大以提高压缩空气的压力;速度式空压机的工作原理是提高气体分子的运动速度,然后使气体的动能转化为压力能以提高压缩空气的压力.容积式空压机按结构不同可分为活塞式、膜片式和螺杆式等;速度式空压机按结构不同可分为离心式和轴流式等.

2. 空气压缩机的选用原则

首先按空压机的特性要求,选择空压机的类型.再根据气动系统所需要的工作压力和流量两个参数,确定空压机的输出压力和吸入流量,最终选取空压机的型号.

一般空气压缩机为中压空气压缩机,额定排气压力为 1MPa;低压空气压缩机,排气压力为 0.2MPa;高压空气压缩机,排气压力为 10MPa;超高压空气压缩机,排气压力为 100MPa.

要根据整个气动系统对压缩空气的需要再加一定的备用余量,作为选择空气压缩机(或机组)流量的依据.空气压缩机铭牌上的流量是自由空气流量.

3. 空气压缩机的工作原理

气压传动系统中最常用的空气压缩机是往复活塞式,其工作原理如图 8-3 所示.当活塞 3 向右运动时,气缸 2 内活塞左腔的压力低于大气压力,吸气阀 9 被打开,空气在大气压力作用下进入气缸 2 内,这个过程称为"吸气过程";当活塞向左移动时,吸气阀 9 在缸内压缩气体的作用下关闭,缸内气体被压缩,这个过程称为"压缩过程";当气缸内空气压力增高到略高于输气管内压力后,排气阀 1 被打开,压缩空气进入输气管道,这个过程称为"排气过程".活塞 3 的往复运动是由电动机带动曲柄 8 转动,通过连杆 7、滑块 5、活塞杆 4 转化为直线往复运动而产生的.图中为一个活塞一个缸的空气压缩机,大多数空气压缩机是多缸多活塞的组合.

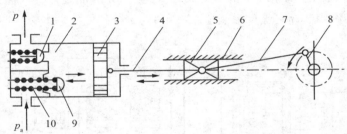

1:排气阀　2:气缸　3:活塞　4:活塞杆　5:滑块
6:滑道　7:连杆　8:曲柄　9:吸气阀　10:弹簧

图 8-3　往复活塞式空气压缩机工作原理图

四、气源净化装置

气动系统中要设置除水、除油、除尘和干燥等气源净化装置,下面具体介绍几种常用的净化装置.

1. 后冷却器

后冷却器一般安装在空气压缩机的出口管路上,其作用就是将空压机排出的高温空气由 140～170℃冷却至 40～50℃,使大量水蒸气和变质油雾冷凝成液态水滴和油滴,以便排出.

后冷却器有风冷式(HAA 系列)和水冷式(HAW 系列)两种.风冷式不需冷却水设备,不用担心断水或水冻结;占地面积小、重量轻、紧凑、运转成本低、易维修;但只适用于入口空气温度低于100℃,且处理空气量较少的场合.水冷式散热面积是风冷式的25倍,热交换均匀,分水效率高,故适用于入口空气温度低于200℃,且处理空气量较大、湿度大、尘埃多的场合.其结构形式有蛇管式、列管式、散热片式、套管式等.

风冷式后冷却器的工作原理如图8-4所示,它是靠风扇产生的冷空气吹向带散热片的热气管道来降低压缩空气温度的.

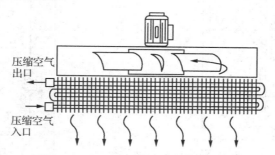

图 8-4　风冷式后冷却器的工作原理

水冷式后冷却器的工作原理如图8-5所示,热的压缩空气由管内流过,冷却水从管外水套中流动以进行冷却.水冷式后冷却器把冷却水与热空气隔开,强迫冷却水沿热空气的反方向流动,以降低压缩空气的温度.水冷式后冷却器出口空气温度约比冷却水的温度高10℃.后冷却器最低处应设置自动或手动排水器,以排除冷凝水.在安装时应注意压缩空气和水的流动方向.

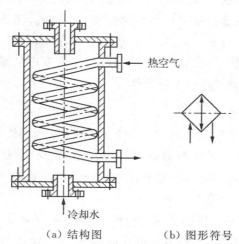

　　（a）结构图　　　　（b）图形符号

图 8-5　水冷式后冷却器的工作原理

2. 油水分离器

油水分离器的作用是将经后冷却器降温析出的水滴、油滴等杂质从压缩空气中分离出来,使压缩空气得到初步净化.其结构形式有环形回转式、撞击挡板式、离心旋转式、水浴式等,主要利用回转离心、撞击、水浴等方法,使水滴、油滴及其他杂质颗粒从压缩空气中分离出来.

撞击挡板式油水分离器的结构形式如图8-6(a)所示.压缩空气从入口进入分离器壳体,气流受隔板的阻挡被撞击折向下方,然后产生环形回转而上升,油滴、水滴等杂质由于惯性力和离心力的作用析出并沉降于壳体的底部,由排污阀定期排出.为达到较好的效果,气流回转后上升速度应缓慢.

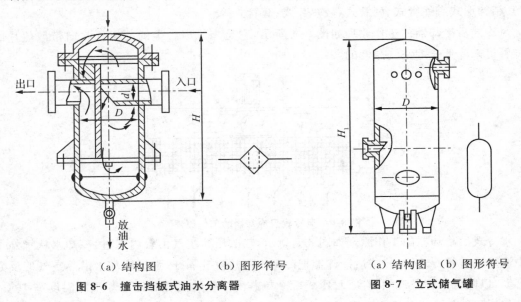

（a）结构图　　　（b）图形符号　　　　　（a）结构图　　（b）图形符号

图 8-6　撞击挡板式油水分离器　　　　　图 8-7　立式储气罐

3. 储气罐

储气罐的主要作用是储存一定数量的压缩空气,减少气源输出气流脉动,增加气流连续性,减弱空气压缩机排出气流脉动引起的管道振动;进一步分离压缩空气中的水分和油分.储气罐一般采用焊接结构,以立式居多.立式储气罐的结构如图 8-7(a)所示.

气罐属压力容器,应遵守压力容器的有关规定.必须有产品耐压合格证明书.气罐上必须装有安全阀、压力表,最低处应设有排水阀.

4. 干燥器

干燥器的作用是进一步除去压缩空气中的水、油和灰尘,其方法主要有吸附法和冷冻法.吸附法是利用具有吸附性能的吸附剂(如硅胶、铝胶或分子筛等)吸附压缩空气中的水分,从而使其达到干燥的目的;冷冻法是利用制冷设备使压缩空气冷却到一定的温度,析出所含的多余水分,从而达到所需要的干燥度.

如图 8-8(a)所示为吸附式干燥器的结构图.它的外壳为一金属圆筒,里面设置有栅板、吸附剂、滤网等.其工作原理是:压缩空气由管道 18 进入干燥器内,通过上吸附剂层、铜丝过滤网 16、上栅板 15、下部吸附剂层 14 之后,空气中的水分被吸附剂吸收而使空气干燥,再经过铜丝过滤网 12、下栅板 11、毛毡层 10、铜丝过滤网 9 过滤气流中的灰尘和其他固体杂质,最后干燥、洁净的压缩空气从输出管 6 输出.

吸附剂在使用一定时间之后,当吸附剂中的水分达到饱和状态时,吸附剂失去继续吸湿的能力,因此须设法将吸附剂中的水分排出,使吸附剂恢复到干燥状态,即重新恢复吸附剂吸附水分的能力,这就是吸附剂的再生.图 8-8 中的管 3～5 即是供吸附剂再生时使用的.工作时,先将压缩空气的进气管 18 和出气管 6 关闭,然后从再生空气进气管 5 向干燥器内输入干燥热空气(温度一般高于180℃),热空气通过吸附层,使吸附剂中的水分蒸发成水蒸气,随热空气一起经再生空气排气管3、4排入大气中.经过一段时间的再生以后,吸附剂即可恢复吸湿的性能.在气压系统中,为保证供气的连续性,一般设置两套干燥器,一套使用,另一套对吸附剂再生,交替工作.

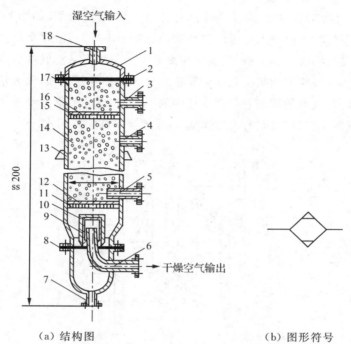

（a）结构图　　　　　　　　　　　（b）图形符号

1:顶盖　2:法兰　3、4:再生空气排气管　5:再生空气进气管　6:干燥空气输出管

7:排水管　8、17:密封垫　9、12、16:铜丝过滤网　10:毛毡层　11:下栅板

13:支撑板　14:吸附剂层　15:上栅板　18:湿空气进气管

图 8-8　吸附式干燥器

5. 气动三大件

一般分水滤气器、减压阀、油雾器一起称为气动三大件.三大件依次无管化连接而成的组件称为三联件,是多数气动设备中必不可少的气源装置.大多数情况下,三大件组合使用,如图8-9所示.其安装次序依进气方向为分水滤气器、减压阀、油雾器.三大件应安装在用气设备的近处.

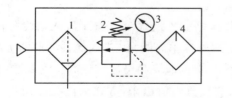

1:分水滤气器　2:减压阀　3:压力表　4:油雾器

（a）详图　　　　　　　　　　　（b）简图

图 8-9　气动三大件

压缩空气经过三大件的最后处理,将进入各气动元件及气动系统.因此,三大件是气动元件及气动系统使用的压缩空气质量的最后保证.其组成及规格,须由气动系统具体的用气要求确定,可以少于三件,只用一件或二件,也可多于三件.

(1)分水滤气器.

分水滤气器又称二次过滤器,主要作用是分离水分、过滤杂质.如图 8-10 所示为分水滤气器的结构简图.从输入口进入的压缩空气被旋风叶子 1 导向,沿存水杯 3 的四周产生强烈的旋转,空气中夹杂的较大的水滴、油滴等在离心力的作用下从空气中分离出来,沉到杯底;当气流通过滤芯时,气流中的灰尘及部分雾状水分被滤芯拦截滤去,较为洁净干燥的气体从输出口输出.为防止气流的旋涡卷起存水杯中的积水,在滤芯的下方设置了挡水板 4.为保证分水滤气器的正常工作,应及时打开排水阀 5,放掉存水杯中的污水.

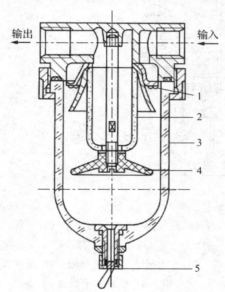

输出　　　　　　　　　输入

1
2
3
4

5

1:旋风叶子　2:滤芯　3:存水杯　4:挡水板　5:排水阀

图 8-10　分水滤气器

(2)油雾器.

油雾器是一种特殊的注油装置.当压缩空气流过时,它将润滑油喷射成雾状,随压缩空气一起流进须润滑的部件,达到润滑的目的.用这种方式加油,具有润滑均匀、稳定,耗油量少和不需要大的储油设备等特点.

如图 8-11 所示为油雾器的结构原理图.压缩空气从气流入口 1 进入,大部分气体从主气道流出,一小部分气体由小孔 2 通过截止阀(特殊单向阀)10 进入储油杯 5 的上腔 A,使杯中油面受压,迫使储油杯中的油液经吸油管 11、单向阀 6 和可调节流阀 7 滴入透明的视油器 8 内,然后再滴入喷嘴小孔 3,被主管道通过的气流引射出来,雾化后随气流由出口 4 输出,送入气动系统.透明的视油器 8 可供观察滴油情况,上部的节流阀 7 可用来调节滴油量.

这种油雾器可以在不停气的情况下加油,实现不停气加油的关键零件是截止阀 10.当没有气流输入时,阀中的弹簧把钢球顶起,封住加压通道,阀处于截止状态,如图 8-11(a)所示;正常工作时,压力气体推开钢球进入储油杯,油杯内气体的压力加上弹簧的弹力使钢球悬浮于中间位置.截止阀 10 处于打开状态,如图 8-11(b)所示;当进行不停气加油时,拧松加油孔的油塞,储油杯中的气压立刻降至大气压,输入的气体压力把钢球压至下端位置,使截止阀10 处于反向关闭状态,这样便封住了油杯的进气道,不致使油杯中的油液因高压气体流入而从加油孔中喷出.此外由于单向阀 6 的作用,压缩空气也不能从吸油管倒流入油杯,所以可在不停气的情况下,从油塞口往杯内加油.当加油完毕拧紧油塞后,由于截止阀有少许的漏气,A 腔内压力逐渐上升,直至把钢球推至中间位置,油雾器重新正常工作.

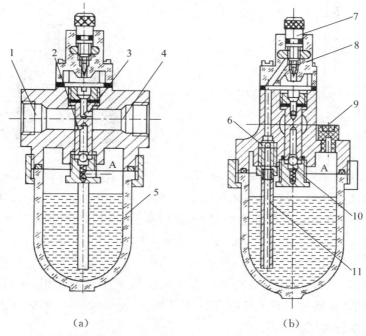

(a)　　　　　　　　　　　　(b)

1:气流入口　2、3:小孔　4:出口　5:储油杯　6:单向阀
7:节流阀　8:视油器　9:旋塞　10:截止阀　11:吸油管

图 8-11　油雾器

　　油雾器一般应安装在分水滤气器、减压阀之后,尽量靠近换向阀,应避免把油雾器安装在换向阀与气缸之间,造成浪费.

(3) 减压阀.

气动三大件中所用的减压阀,起减压和稳压作用,工作原理与液压系统减压阀相同.

五、辅助元件

1. 消声器

气动回路与液压回路不同,它没有回气管道,压缩空气使用后直接排入大气,因排气速度较高,会产生强烈的排气噪声.为降低噪声,一般在换向阀的排气口安装消声器.常用的消声器有以下几种.

(1) 吸收型消声器.

这种消声器主要依靠吸声材料消声. QXS 型消声器就是吸收型的,如图 8-12 所示.消声套是多孔的吸声材料,用聚苯乙烯颗粒或铜珠烧结而成.当有压气体通过消声套排出时,引起吸声材料细孔和狭缝中的空气振动,使一部分声能由于摩擦转换成热能,从而降低了噪声.

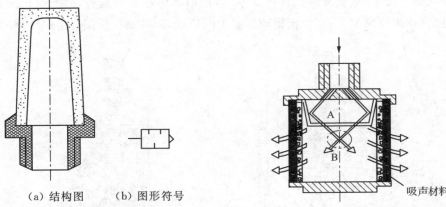

（a）结构图　　（b）图形符号

图 8-12　吸收型消声器结构简图

吸声材料

图 8-13　膨胀干涉吸收型消声器

这种消声器结构简单,吸声材料的孔眼不易堵塞,可以较好地消除中、高频噪声,消声效果大于 20dB.气动系统的排气噪声主要是中、高频噪声,尤其以高频噪声居多,所以这种消声器适合于一般气动系统使用.

(2) 膨胀干涉型消声器.

这种消声器的直径比排气孔径大得多,气流在里面扩散、碰壁反射,互相干涉,降低了噪声的强度,这种消声器的特点是排气阻力小,可消除中、低频噪声,但结构不够紧凑.

(3) 膨胀干涉吸收型消声器.

它是上述两种消声器的结合,是在膨胀干涉型消声器的壳体内表面敷设吸声材料而制成的.如图 8-13 所示为膨胀干涉吸收型消声器.这种消声器的入口开设了许多中心对称的斜孔,它使得高速进入消声器的气流被分成许多小的流束,在进入无障碍的扩张室 A 后,气流被极大减速,碰壁后反射到 B 室,气流束相互撞击、干涉而使噪声减弱,然后气流经过吸声材料的多孔侧壁排入大气,噪声又一次被削弱.这种消声器的效果比前两种更好,低频可消声 20dB,高频可消声 40dB.

一般使用场合,可根据换向阀的通径选择吸收型消声器;对消声效果要求高的场合,可选用后两种消声器.

2. 管道连接件

管道连接件包括管子和各种管接头.有了管路连接,能把气动控制元件、气动执行元件以及辅助元件等连接成一个完整的气动控制系统.因此,实际应用中管路连接必不可少.

管子可分为硬管及软管两种.如总气管和支气管等一些固定不动的、无须经常装拆的地方使用硬管；连接运动部件、临时使用、希望装拆方便的管路应使用软管.硬管有铁管、钢管、黄铜管、紫铜管和硬塑料管等；软管有塑料管、尼龙管、橡胶管、金属编织塑料管以及挠性金属管等.常用的是紫铜管和尼龙管.

　　气动系统中使用的管接头的结构及工作原理与液压管接头基本相似，分为卡套式、扩口纹式、卡箍式、插入快换式等.

 ## 第三节　气动执行元件

　　气动执行元件是将系统中压缩空气的压力能转换为机械能的装置，包括气缸和气动马达.气缸用于实现直线往复运动或摆动，马达用于实现连续的旋转运动.

一、气缸

1. 气缸的分类

　　气缸是气动系统中使用最多的一种执行元件，不仅有不同的功能用途和使用条件，其结构、形状、安装方式也有多种形式.常用的分类方法主要有以下几种：

　　（1）按压缩空气对活塞端面作用力的方向，可分为单作用气缸和双作用气缸.单作用气缸只有一个方向的运动是气压传动，活塞的复位靠弹簧力或重力实现.双作用气缸活塞的往复运动是靠压缩空气来完成的.

　　（2）按气缸的结构特点，可分为活塞式、柱塞式、膜片式、叶片摆动式及齿轮齿条式摆动气缸等.

　　（3）按气缸的功能，可分为普通气缸和特殊气缸.普通气缸一般用于无特殊要求的场合，一般为活塞式.特殊气缸常用于有某种特殊要求的场合，如缓冲气缸、步进气缸、冲击式气缸、增压气缸、数字气缸、回转气缸、气液阻尼气缸、摆动气缸、开关气缸、制动气缸、坐标气缸等.

　　（4）按气缸的安装方式，可分为固定式气缸、轴销式气缸、回转式气缸、嵌入式气缸等.固定式气缸的缸体安装在机架上不动，其连接方式又有耳座式、凸缘式和法兰式.轴销式气缸的缸体绕一固定轴，缸体可做一定角度的摆动.回转式气缸的缸体可随机床主轴做高速旋转运动，常见的有数控机床上的气动卡盘等.

2. 常用气缸的工作原理及用途

　　普通气缸的工作原理及用途类似于液压缸，在此不再赘述，下面介绍几种特殊气缸.

　　（1）气液阻尼缸.

　　气体具有很大的压缩性，普通气缸在工作负载变化较大时，会产生"爬行"或"自走"现象，气缸的平稳性较差，且不易使活塞获得准确的停止位置.如对运动平稳要求较高，可采用气液阻尼缸.气液阻尼缸由气缸和液压缸组合而成,它是以压缩空气为能源,以油液作为控制和调节气缸运动速度的介质,利用液体的可压缩性小的性质并通过控制液体排量来获得气缸的平稳运动和调节活塞的运动速度的.气液阻尼缸按其组合方式不同可分为串联式和并联式两种.

如图 8-14 所示为串联式气液阻尼缸的工作原理图,它将气缸和液压缸串接成一个主体,两个活塞固定在一个活塞杆上,在液压缸进、出口之间装有单向节流阀.当气缸右腔进气时,活塞克服外载并带动液压缸活塞向左运动.此时液压缸左腔排油,由于单向阀关闭,油液只能经节流阀 4 缓慢流回右腔,因此对整个活塞的运动起到阻尼作用.调节节流阀即可达到调节活塞运动速度的目的.当压缩空气进入气缸左腔时,液压缸右腔排油,此时单向阀 3 开启,活塞能快速返回.

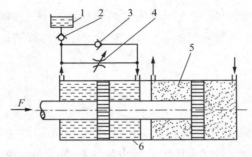

1:油箱　2、3:单向阀　4:节流阀　5:气缸　6:液压缸

图 8-14　串联式气液阻尼缸的工作原理图

串联式气液阻尼缸的缸体较长,加工与装配的工艺要求高,且气缸和液压缸之间容易产生油与气互窜现象.为此,可将气缸与液压缸并联组合.如图 8-15 所示为并联式气液阻尼缸,其工作原理与串联式气液阻尼缸相同.这种气液阻尼缸的缸体较短,结构紧凑,消除了油气互窜现象.但这种组合方式,两个缸不在同一轴线上,安装时对其平行度要求较高.

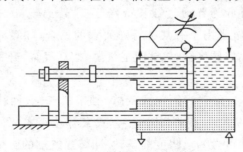

图 8-15　并联式气液阻尼缸

(2) 回转气缸.

回转气缸工作原理图如图 8-16 所示,它由导气头、缸体、活塞杆和活塞等组成.这种气缸的缸体连同缸盖及导气头芯 6 被携带回转,活塞 4 及活塞杆 1 只能做往复直线运动,导气头体 9 外接管路而固定不动.

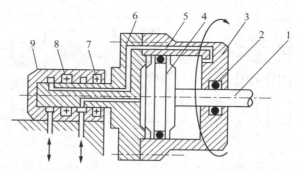

1:活塞杆　2、5:密封装置　3:缸体　4:活塞　6:缸盖及导气头芯　7、8:轴承　9:导气头体

图 8-16　回转气缸的工作原理图

（3）冲击气缸.

冲击气缸是将压缩空气的能量转换为动能,使活塞高速运动,输出能量,产生较大的冲力,击打工件做功的一种气缸.冲击气缸主要由缸体、中盖、活塞和活塞杆等组成,如图 8-17 所示.冲击气缸在结构上比普通气缸增加了一个具有一定容积的蓄能腔和喷嘴,中盖与缸体固定,中盖和活塞把气缸分隔成三个部分,即活塞杆腔 1、活塞腔 2 和蓄能腔 5.中盖 6 的中心开有喷嘴口 4.

冲击气缸的整个工作过程可简单地分为三个阶段.第一个阶段〔图 8-18(a)〕,压缩空气由 A 口输入冲击缸的活塞杆腔,蓄能腔经 B 口排气,活塞上升并用密封垫封住喷嘴,中盖和活塞间的活塞腔中气体经排气孔与大气相通.第二阶段〔图 8-18(b)〕,压缩空气改由 B 口进气,输入蓄能腔中,活塞杆腔经 A 口排气.活塞上端气压作用在面积较小的喷嘴上,而活塞下端受力面积较大,一般设计成喷嘴面积的 9 倍,活塞杆腔的压力虽因排气而下降,但此时活塞下端向上的作用力仍然大于活塞上端向下的作用力.第三阶段〔图 8-18(c)〕,蓄能腔的压力继续增大,活塞杆腔的压力继续降低,当蓄能腔内压力高于活塞杆腔压力 9 倍时,活塞开始向下移动,活塞一旦离开喷嘴,蓄能腔内的高压气体迅速充入活塞与中间盖间的活塞腔,使活塞上端受力面积突然增加 9 倍,于是活塞将以极大的加速度向下运动,气体的压力能转换成活塞的动能.在冲程达到一定时,

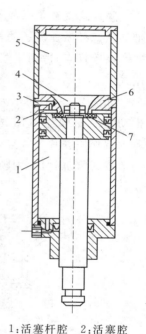

1:活塞杆腔　2:活塞腔
3:泄气口　4:喷嘴口
5:蓄能腔　6:中盖
7:橡胶密封垫

图 8-17　冲击式气缸

获得最大冲击速度和能量,利用这个能量对工件进行冲击做功,产生很大的冲击力.

活塞的最大速度可达每秒十几米,能完成冲孔、下料、镦粗、模锻、打印、弯曲成形、铆接、破碎等多种作业,具有结构简单、体积小、加工容易、成本低、使用可靠、冲裁质量好等优点.

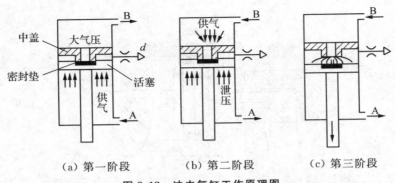

图 8-18　冲击气缸工作原理图

（4）膜片式气缸.

膜片式气缸是以薄膜取代活塞带动活塞杆运动的一种气缸,它利用压缩空气推动膜片带动活塞杆做往复运动,具有结构简单、紧凑,制造容易,成本低,维修方便,寿命长,泄漏少,效率高等优点,适用于气动夹具、自动调节阀及短行程场合,按其结构可分单作用式和双作用式.

如图 8-19(a)所示为单作用膜片式气缸,此气缸只有一个气口.当气口输入压缩空气时,推动膜片 2、膜盘 3、活塞杆 4 向下运动,活塞杆的上行须依靠弹簧力的作用.如图 8-19(b)所示为双作用膜片式气缸,有两个气口,活塞杆的上下运动依靠压缩空气来推动.膜片式气缸与活塞式气缸相比,因膜片的变形量有限,故气缸的行程较短,一般不超过 40~50mm.

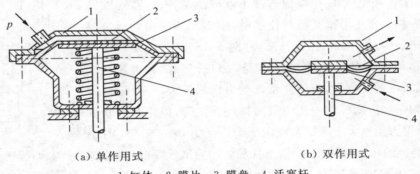

（a）单作用式　　　　　　　　（b）双作用式

1:缸体　2:膜片　3:膜盘　4:活塞杆

图 8-19　膜片式气缸

3. 气缸的性能

（1）气缸的速度.

一般气缸活塞的运动速度是指在其行程范围内的平均速度,气缸的平均运动速度可按进气量的大小求出,即

$$v = q/A$$

式中,q——压缩空气的体积流量;

A——活塞的有效作用面积.

标准普通气缸的速度范围在 $50 \sim 500$mm/s 之间,普通气缸的最低速度为 5mm/s,高速

可达 17m/s.

（2）气缸的理论输出力.

双作用气缸的输出推力在不计摩擦阻力和惯性的情况下，可写为

$$F = p_1 A_1 - p_2 A_2$$

式中，p_1、p_2——进气、排气侧的压力；

　　A_1、A_2——进气、排气侧活塞的有效作用面积.

若考虑活塞运动过程中的摩擦阻力和惯性等因素的影响，也可用公式求双作用气缸活塞上的输出推力，即

$$F = (p_1 A_1 - p_2 A_2)\eta$$

式中，η——气缸的效率，一般取 0.7～0.95.

（3）气缸的效率和负载率.

气缸未承载时实际所能输出的力，受气缸活塞和缸筒之间的摩擦力、活塞杆和前缸盖之间的摩擦力影响，摩擦力影响程度用气缸效率 η 表示.

从对气缸的运行特性研究可知，要精确确定气缸的实际输出力是困难的. 一般在研究气缸的性能和选择确定气缸缸径时，常用到负载率 β 的概念，气缸负载率 β 的定义为

$$\beta = \frac{\text{气缸的实际负载 } F_0}{\text{气缸的理论负载 } F} \times 100\% \tag{8-1}$$

气缸的实际负载（轴向负载）是由工况决定的. 若能确定气缸的负载率 β，则可求出气缸的理论输出力 F，进而可计算出气缸的缸径. 气缸负载率的选择与气缸的负载性能、安装工况及气缸的运动速度有关，见表 8-2.

表 8-2　气缸的运动状态与负载率

阻性负载（静负载）	惯性负载的运动速度 v/(m/s)		
	<100	$100\sim500$	>500
$\beta = 0.8$	$\beta \leqslant 0.65$	$\beta \leqslant 0.5$	$\beta \leqslant 0.3$

（4）气缸直径.

对于气缸有公式

$$F = pA\eta$$

式中，p——气缸的工作压力；

　　A——活塞的有效作用面积；

　　η——气缸的效率，当活塞运动速度 $v < 200$mm/s 时取大值，反之取小值.

气缸无杆腔进气时，气缸直径计算式子为

$$D = \sqrt{\frac{4F}{\pi p \eta}}$$

气缸有杆腔进气时，气缸直径计算式子为

$$D = \sqrt{\frac{4F}{\pi p \eta} + d^2}$$

式中,d——活塞杆直径,一般可先按 $d/D=0.2\sim0.3$ 代入.

计算出气缸的直径 D 后,进行圆整,再选择标准系列中相近的缸径值.

二、气动马达

气动马达是将压缩空气的压力转换成机械能量的转换装置,其作用相当于电动机或液压马达.它输出转矩,驱动执行机构做旋转运动.最常用的是叶片式、活塞式气动马达.

1. 气动马达的分类及工作原理

(1)叶片式气动马达的工作原理.

如图 8-20 所示是叶片式气动马达的工作原理图.压缩空气由 A 口输入,小部分经定子两端的密封盖的槽进入叶片底部(图中未表示),将叶片推出,使叶片贴紧在定子内壁上,大部分压缩空气进入相应的密封空间而作用在两个叶片上,由于两叶片伸出长度不等,就产生了转矩差,使叶片与转子按逆时针方向旋转;做功后的气体由定子上的 C 口和 B 口排出.若改变压缩空气的输入方向(即压缩空气由 B 口进入,A 口和 C 口排出),则可改变转子的转向.

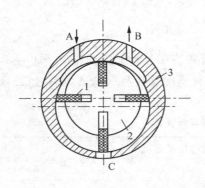

1:叶片 2:转子 3:定子

图 8-20 叶片式气动马达的工作原理图

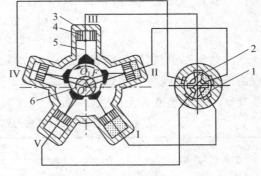

1:分配阀套 2:分配阀芯 3:气缸体
4:活塞 5:连杆 6:曲轴

图 8-21 径向活塞式气动马达的工作原理图

(2)径向活塞式气动马达的工作原理.

如图 8-21 所示是径向活塞式气动马达的工作原理图.压缩空气经进气口进入分配阀(又称配气阀)后再进入气缸.推动活塞及连杆组件运动,再使曲轴旋转.在曲轴旋转的同时,带动固定在曲轴上的分配阀同步运动,使压缩空气随着分配阀角度位置的改变而进入不同的缸内,依次推动各个活塞运动,并由各活塞及连杆带动曲轴连续运转,与此同时,与进气缸相对应的气缸则处于排气状态.

2. 气动马达的特点及应用

(1)气动马达的特点.

① 工作安全,具有防爆性能,适用于恶劣的环境,在易燃、易爆、高温、振动、潮湿、粉尘等条件下均能正常工作.

② 有过载保护作用.过载时马达只是降低转速或停止,当过载解除后,立即可重新正常运转,并不产生故障.

③ 可以无级调速.只要控制进气流量,就能调节马达的功率和转速.

④ 比相同功率的电动机轻 $\frac{1}{10} \sim \frac{1}{3}$,输出功率惯性比较小.

⑤ 可长期满载工作,而温升较小.

⑥ 功率范围及转速范围均较宽,功率小至几百瓦,大至几万瓦;转速可从每分钟几转到上万转.

⑦ 具有较高的启动转矩,可以直接带负载启动,启动、停止迅速.

⑧ 结构简单,操纵方便,可正反转,维修容易,成本低.

⑨ 速度稳定性差,输出功率小,效率低,耗气量大,噪声大,容易产生振动.

（2）气动马达的应用.

气动马达的工作适应性较强,可适用于无级调速、启动频繁、经常换向、高温潮湿、易燃易爆、带负载启动、不便人工操纵及有过载可能的场合.

目前,气动马达主要应用于矿山机械、专业性的机械制造业、油田、化工、造纸、炼钢、船舶、航空、工程机械等行业,许多气动工具如风钻、风扳手、风砂轮、风动铲刮机均装有气动马达,随着气压传动的发展,气动马达的应用将日趋广泛.

第四节　气动控制元件

气动控制元件是指在气压传动系统中,控制和调节压缩空气的方向、压力和流量等的各类控制阀,按功能可分为方向控制阀、压力控制阀、流量控制阀以及能实现一定逻辑功能的气动逻辑元件.

一、方向控制阀

方向控制阀是气压传动系统中通过改变压缩空气的流动方向和气流的通断,来控制执行元件启动、停止及运动方向的气动元件,是气动系统中应用最多的一种控制元件.

根据阀内气流方向,方向控制阀可分为单向型和换向型;按控制方式可分为手动控制、气动控制、电动控制、机动控制、电气动控制;按阀芯工作位置数目分为二位阀和三位阀;按切换的通路数分为二通阀、三通阀、四通阀和五通阀等.

1. 单向型控制阀

（1）单向阀.

单向阀的工作原理、结构和图形符号与液压系统中的单向阀基本相同.只不过气动单向阀的阀芯和阀座之间是靠密封垫密封的.密封垫可以是锥密封、球密封、圆盘密封或膜片.如图8-22所示,单向阀利用弹簧力将阀芯顶在阀座上,故压缩空气要通过单向阀时必须先克服弹簧力.

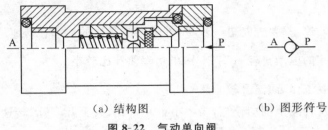

(a) 结构图　　　　　　(b) 图形符号

图 8-22　气动单向阀

(2) 或门型梭阀.

如图 8-23 所示为或门型梭阀,其工作特点是不论 P_1 和 P_2 哪个气口有气体输入,A 口都有气体输出;当 P_1 和 P_2 同时输入气体时,A 口与高压口连通,另一个口关闭.其作用相当于逻辑元件中的"或门".

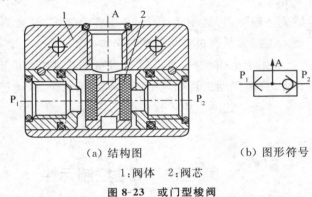

(a) 结构图　　　　　　(b) 图形符号

1:阀体　2:阀芯

图 8-23　或门型梭阀

(3) 与门型梭阀.

与门型梭阀又称双压阀,如图 8-24 所示,其工作特点是只有 P_1 和 P_2 两个口同时供气,A 口才有气体输出;当 P_1 或 P_2 单独通气时,阀芯就被推至相对端,封闭截止型阀口;当 P_1 和 P_2 同时通气时,哪端压力低,A 口就和哪端相通,另一端关闭.其作用相当于逻辑元件中的"与门".

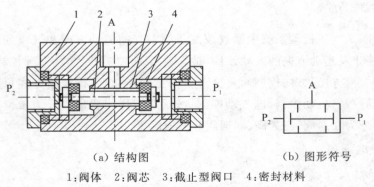

(a) 结构图　　　　　　(b) 图形符号

1:阀体　2:阀芯　3:截止型阀口　4:密封材料

图 8-24　与门型梭阀

（4）快速排气阀.

快速排气阀是为加快气体排放速度而采用的气压控制阀,如图 8-25 所示.当气体从 P 口通入时,推动膜片 1 向下变形,打开 P 与 A 的通道,关闭 O 口;当 P 口没有压缩空气时,A 口的气体推动膜片向上复位,关闭 P 口,A 口气体经 O 口快速排出.

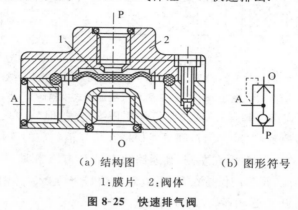

（a）结构图　　　　　　　（b）图形符号

1:膜片　2:阀体

图 8-25　快速排气阀

2. 换向型控制阀

换向型方向控制阀,简称换向阀,通过改变气体通道使气体流动方向发生变化,从而改变气动执行元件的运动方向.换向型控制阀包括人力控制阀、机械控制阀、气压控制阀、电磁控制阀和时间控制阀.

人力控制阀和机械控制阀是利用人力（手动或脚踏）和机动（通过凸轮、滚轮、挡块等）来控制换向阀换向的,其工作原理与液压阀类似.

（1）气压控制换向阀.

气压控制换向阀是利用空气压力推动阀芯运动来使气体改变流向的.在易燃、易爆、潮湿、大粉尘等工作条件下,气压控制安全可靠.

按控制方式,气压控制可分为加压控制、卸压控制和差压控制三种.加压控制是指所加的控制信号压力是逐渐上升的,当气压增加到阀芯动作压力时,阀芯移动进行换向;卸压控制是指所加气控信号压力是减小的,减小到某一压力值时,阀芯换向;差压控制是指阀芯在两端压力差作用下换向.按控制阀芯运动方向个数,气压控制又分为单气控和双气控.

① 单气控加压式换向阀.利用空气的压力与弹簧力相平衡的原理进行控制.如图 8-26 所示为二位三通单气控加压式换向阀.图示为 K 口没有控制信号时的状态,阀芯 3 在弹簧 2 与 P 腔气压作用下右移,使 P 与 A 断开,A 与 T 导通;当 K 口有控制信号时,推动活塞 5 通过阀芯压缩弹簧打开 P 与 A 的通道,封闭 A 与 T 的通道.

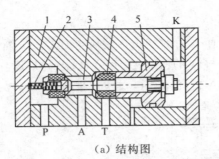

（a）结构图　　　　　　　（b）图形符号

1:阀体　2:弹簧　3:阀芯　4:密封材料　5:控制活塞

图 8-26　二位三通单气控加压式换向阀

② 双气控加压式换向阀. 阀芯两边都可作用压缩空气,但一次只作用于一边,这种换向阀具有记忆功能,即控制信号消失后,阀仍能保持在信号消失前的工作状态. 如图 8-27(a)所示,当有气控信号 K_1 时,阀芯停在左侧,其通路状态是 P 与 A 相通,B 与 T_2 相通;信号 K_1 消失后,因阀的记忆功能,阀芯仍保持在左侧;直到有信号 K_2 输入,如图 8-27(b)所示,阀芯换位,其通路状态变为 P 与 B 相通,A 与 T_1 相通.

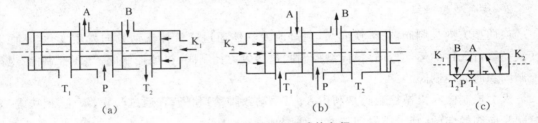

（a）　　　　　　　　　　　（b）　　　　　　　　　（c）

图 8-27　双气控加压式换向阀

（2）电磁控制换向阀.

气压传动中的电磁控制换向阀与液压传动中电磁控制换向阀一样,利用电磁力的作用推动阀芯换向,从而改变气体流动方向. 按照电磁控制部分对换向阀推动方式的不同,可将其分为直动式和先导式两大类.

① 直动式电磁换向阀. 电磁铁的衔铁直接推动换向阀阀芯换向,有单电控和双电控两种,工作原理与液压传动中电磁换向相似,适用于较大通径的场合.

② 先导式电磁换向阀. 由电磁先导阀和气动换向阀两部分组成,利用直动式电磁阀输出的先导气压去控制主阀阀芯的换向,相当于电气换向阀,也有单电控和双电控之分.

图 8-28(a)为单电控先导式换向阀结构. 图示为断电状态,气控主换向阀在弹簧力的作用下,封闭 P 口,导通 A、T 通道;当先导阀带电时,电磁力推动先导阀芯下移,控制压力 p_1 推动主阀芯右移,导通 P、A 通道,封闭 T 通道. 图 8-28(b)为双电控先导式换向阀结构,图示为左侧先导阀电磁铁通电状态,工作原理与单电控先导换向阀类似,不再叙述.

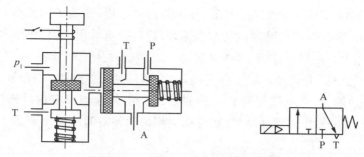

（a）单电控先导式换向阀结构图及图形符号

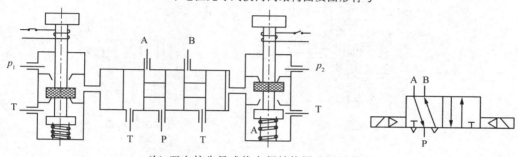

（b）双电控先导式换向阀结构图及图形符号

图 8-28　先导式换向阀

（3）时间控制换向阀.

时间控制换向阀是使气流通过节流口（小孔、缝隙等）进入气容（储气空间）中,经过一定时间气容达到一定压力后,推动阀芯换向的阀.调节节流口大小可控制主阀延时换向的时间.通常用于不允许用时间继电器（电控）的场合,如易燃、易爆、大粉尘等场合.

① 延时阀.如图 8-29 为二位三通气动延时阀的结构原理图,由延时控制部分和主阀组成.常态时,弹簧的作用使阀芯 4 处在右端位置.当从 K 口通入气控信号时,气体通过可调节流阀 1 向气容腔 C 充气,当气容内的压力达到一定值时,通过阀芯压缩弹簧使阀芯向左动作,换向阀换向；气控信号消失后,气容中的气体通过单向阀 3 快速卸压,当压力降到某值时,阀芯右移,换向阀换向.这种阀的延时时间可在几分之一秒至几分钟范围内调整.

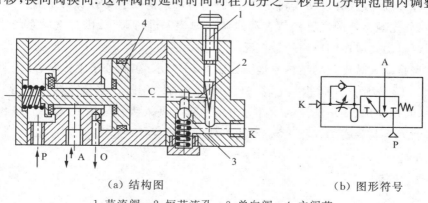

（a）结构图　　　　　　　　　　（b）图形符号

1:节流阀　2:恒节流孔　3:单向阀　4:主阀芯

图 8-29　二位三通气动延时换向阀

② 脉冲阀. 脉冲阀是靠气流经过气阻、气容的延时作用,使输入的长信号变成脉冲信号输出的阀. 图 8-30 为一滑阀式脉冲阀的结构原理. P 口有输入信号时,由于阀芯上腔气容中压力较低,且阀芯中心阻尼小孔很小,所以阀芯向上移动,使 P、A 相通,A 口有信号输出,同时从阀芯中心阻尼小孔不断给上部气容充气,因为阀芯的上、下端作用面积不等,气容中的压力上升达到某值时,阀芯下降封闭 P、A 通道,A、T 相通,A 口没有信号输出. 这样,P 口的连续信号就变成 A 口输出的脉冲信号. 这种脉冲阀的脉冲时间一般小于 2s.

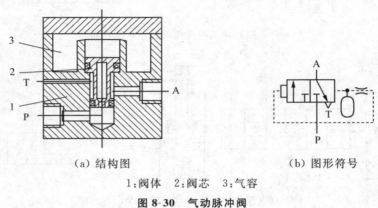

（a）结构图　　　　　　　　（b）图形符号

1:阀体　2:阀芯　3:气容

图 8-30　气动脉冲阀

二、压力控制阀

在气动传动系统中,调节和控制压力大小的气动元件称为压力控制阀,包括减压阀(调压阀)、溢流阀(安全阀)、顺序阀等. 这三类阀的共同特点是,利用作用于阀芯上压缩空气的压力和弹簧力相平衡的原理来进行工作.

1. 减压阀

气压传动系统与液压传动系统不同,空气压缩装置输出的压缩空气通常以高于每台设备所需压力储存于储气罐中. 因此每台气动装置的供气压力都须用减压阀(气动系统中又称调压阀)来减压,并保持气压稳定,确保系统不受输出空气流量变化和气源压力波动的影响.

减压阀的调压方式有直动式和先导式两种,直动式借助改变弹簧力来直接调整压力,而先导式则用预先调整好的气压代替直动式调压弹簧来进行调压. 因为气动系统大多数是低压系统,所以直动式减压阀应用的最广泛.

QTY 型直动式减压阀的结构原理图如图 8-31 所示. 当阀处于工作状态时,调节旋钮 1,压缩弹簧 2、3 及膜片 5 使阀芯 8 下移,进气阀口 10 被打开,气流从左端输入,经阀口 10 节流减压后从右端输出. 输出气流的一部分由阻尼管 7 进入膜片气室 6,在膜片 5 的下面产生一个向上的推力,与弹簧力互相平衡后,便可使减压阀保持一定的输出压力.

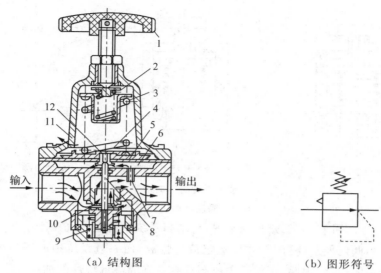

（a）结构图　　　　　　　（b）图形符号

1:旋钮　2、3:弹簧　4:溢流阀座　5:膜片　6:膜片气室　7:阻尼管
8:阀芯　9:复位弹簧　10:进气阀口　11:排气孔　12:溢流孔

图 8-31　直动式减压阀结构

当输入压力发生波动时,如输入压力瞬时升高,输出压力也随之升高,作用在膜片上的气体推力也相应增大,则破坏了原有的力平衡,使膜片 5 向上移动.此时,有少量气体经溢流孔 12、排气孔 11 排出.在膜片上移的同时,因复位弹簧的作用,使阀芯 8 也向上移动,进气口开度减小,节流作用增大,使输出压力下降,直至达到新的平衡,并基本稳定至预先调定的压力值.若输入压力瞬时下降,输出压力相应下降,膜片下移,进气阀口开度增大,节流作用减小,输出压力又基本回升至原值.调节旋钮 1 使弹簧 2、3 恢复自由状态,输出压力降至零,阀芯 8 在复位弹簧 9 的作用下,关闭进气阀口 10.此时,减压阀便处于截止状态,无气流输出.目前常用的 QTY 型直动式减压阀最大输入压力为 1MPa,气体通过减压阀内通道的流速在 15～25m/s 范围内.

安装减压阀时,要按气流的方向和减压阀上所标示的箭头方向,依照分水滤气器、减压阀、油雾器的顺序进行安装.调压时应由低向高调至规定的压力值.阀不工作时应及时把旋钮松开,以免膜片变形.

2. 溢流阀

当回路中气压超过允许压力时,为保证系统工作安全,通常采用溢流阀将部分或全部气体经排气口排出.

溢流阀的工作原理图如图 8-32 所示.当系统中气体作用在活塞 3 上的作用力小于弹簧 2 的力时,阀处于关闭状态;当系统压力升高,作用在活塞 3 上的作用力大于弹簧力时,阀芯上移,阀开启并溢流,使气压不再升高;当系统压力降至低于调定值时,阀口又重新关闭.溢流阀的开启压力可通过调整弹簧 2 的预压缩量来调节.

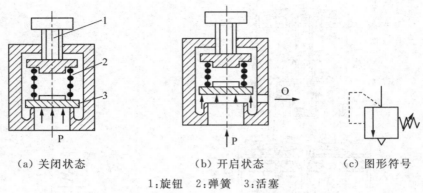

(a) 关闭状态　　　　　　　(b) 开启状态　　　　　(c) 图形符号

1:旋钮　2:弹簧　3:活塞

图 8-32　溢流阀的工作原理

由上述工作原理可知,对于安全阀来说,要求当系统中的工作气压刚一超过阀的调定压力(开启压力)时,阀门便迅速打开,并以额定流量排放,而一旦系统中的压力稍低于调定压力时,便能立即关闭阀门.因此,在保证溢流阀具有良好的流量特性的前提下,应尽量使阀的关闭压力接近于阀的开启压力,而全开压力接近于开启压力.

3. 顺序阀

顺序阀是依靠气压系统中压力的大小来控制气动回路中各执行元件动作先后顺序的压力阀,其工作原理与液压顺序阀基本相同.顺序阀常与单向阀组合成单向顺序阀.图8-33所示为单向顺序阀的工作原理图.当压缩空气由 P 口输入时,单向阀 4 在压差力及弹簧力的作用下处于关闭状态,作用在活塞 3 上输入侧的空气压力如超过弹簧 2 的预紧力时,活塞被顶起,顺序阀打开,压缩空气由 A 输出;当压缩空气反向流动时,输入侧变成排气口,输出侧变成进气口,其进气压力将顶起单向阀,由 O 口排气.调节手柄 1 就可改变单向顺序阀的开启压力.

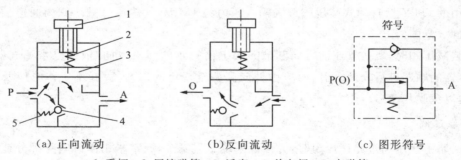

(a) 正向流动　　　　　　　(b)反向流动　　　　　　(c) 图形符号

1:手柄　2:压缩弹簧　3:活塞　4:单向阀　5:小弹簧

图 8-33　单向顺序阀的工作原理

三、流量控制阀

流量控制阀是通过改变阀的通流面积来调节压缩空气的流量,进而控制气缸的运动速复、换向阀的切换时间和气动信号的传递速度的气动控制元件.流量控制阀包括:节流阀、单向节流阀、排气节流阀等.

节流阀和单向节流阀的工作原理与液压阀中同类型阀相似,在此不再重复,仅对排气节流阀做简要介绍.

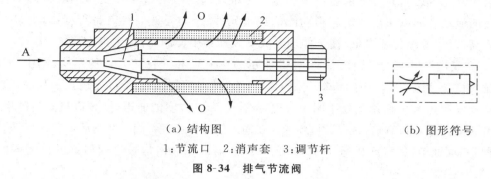

（a）结构图　　　　　　　　　　（b）图形符号

1：节流口　2：消声套　3：调节杆

图 8-34　排气节流阀

排气节流阀的节流原理和节流阀一样,通过调节通流面积来调节阀的流量.区别在于,节流阀通常安装在系统中调节气流的流量;排气节流阀是装在执行元件的排气口处,用以调节排入大气的流量,从而改变执行元件的运动速度的一种控制阀.如图 8-34 所示是排气节流阀的工作原理图.它常带有消声器件,以此降低排气时的噪声,并能防止不清洁的环境气体通过排气口污染气动系统的元件.

在气压传动系统中,用流量控制的方式来调节气缸的运动速度是比较困难的,尤其是在超低速控制中,要按照预定行程来控制速度,单靠气动很难实现;在外部负载变化很大时,仅用气动流量阀也不会得到满意的效果.但注意以下几点,可使气动控制速度达到比较好的效果:

（1）严格控制管道中的气体泄漏.

（2）确保气缸内表面的加工精度和质量.

（3）保持气缸内的正常润滑状态.

（4）作用在气缸活塞杆上的载荷必须稳定.

（5）流量控制阀尽量装在气缸附近.

四、气动逻辑元件

气动逻辑元件是以压缩空气为工作介质,利用元件的动作改变气流方向以实现一定逻辑功能的气体控制元件.实际上气动方向控制阀也具有逻辑元件的功能,所不同的是它的输出功率较大,尺寸较大,而气动逻辑元件的尺寸则较小.因此在气动控制回路中广泛采用各种形式的气动逻辑元件(简称逻辑阀).

1. 气动逻辑元件的分类

气动逻辑元件按工作压力可分为高压元件(工作压力为 0.2～0.8MPa)、低压元件(工作压力为 0.02～0.2MPa)、微压元件(工作压力为 0.02MPa 以下);按逻辑功能可分为"是门"($S=A$)元件、"与门"($S=AB$)元件、"或门"($S=A+B$)元件、"非门"($S=\bar{A}$)元件和双稳元件等;按结构形式可分为截止式、膜片式、滑阀式等.

2. 高压截止式逻辑元件

高压截止式逻辑元件是依靠控制气压信号推动阀芯或通过膜片变形推动阀芯动作,改变气流的流动方向以实现一定逻辑功能的逻辑元件.这类元件的特点是行程小,流量大,工作压力高,对气源净化要求低,便于实现集成安装和集中控制,拆卸也很方便.

(1)"是门"和"与门"元件.如图 8-35 所示为"是门"和"与门"元件的结构,图中 A 口为信号输入口,S 为输出口,中间口接气源 P 口时为"是门"元件.在 A 口无输入信号时,阀芯 2 在弹簧及气源压力 p 作用下处于图示位置,封住 P 和 S 之间的通道,使 S 口与排气口相通,S 无输出;反之,当 A 口有输入信号时,膜片 1 在输入信号作用下将阀芯 2 推动下移,封住输出口 S 与排气口间通道,P 与 S 相通,S 有输出.元件的输入和输出信号之间始终保持相同状态,即 S＝A.

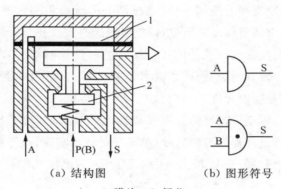

（a）结构图　　　　　　　（b）图形符号

1:膜片　2:阀芯

图 8-35 "是门"和"与门"元件

若将中间口不接气源 P,而作为另一个输入口 B,则成为"与门"元件.只当 A、B 口同时有输入信号时,S 口才有输出,即 S＝AB.

(2)"或门"元件.如图 8-36 所示为"或门"元件的工作原理图,图中 A、B 为信号输入口,S 为输出口.当只有 A 口有输入信号时,阀芯 a 在信号气压作用下向下移动,封住信号口 B,气流经 S 输出;当只有 B 有输入信号时,阀芯 a 在此信号作用下上移,封住 A 口,S 也有输出;当 A、B 均有输入信号时,阀芯 a 在两个信号作用下或上移,或下移,或保持在中位,S 均有输出.即两个输入信号只要有一个或两个同时有信号,输出口 S 都会有输出信号,S＝A＋B.

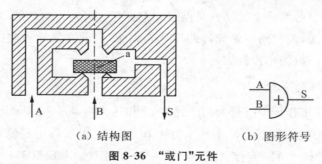

（a）结构图　　　　　　　（b）图形符号

图 8-36 "或门"元件

(3)"非门"和"禁门"元件.如图 8-37 所示为"非门"和"禁门"元件结构,图中 A 口为信号输入口,S 为信号输出口,中间口接气源 P 时为"非门"元件.输入口 A 口无输入信号时,阀芯 3 在气源压力作用下紧压在阀座上,S 有输出信号;反之,A 口有输入信号时,作用在膜片 2 上的气压力经阀杆使阀芯 3 向下移动,关断气源通路,S 没有输出.即输出口 S 的状态总是与输入口 A 的状态相反,$S=\overline{A}$.

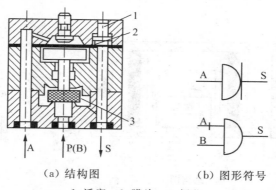

(a) 结构图   (b) 图形符号

1:活塞 2:膜片 3:阀芯

图 8-37 "非门"和"禁门"元件

若将中间口不接气源而作为另一个输入信号 B,则成为"禁门"元件.当 A 有输入信号时,阀杆及阀芯 3 在输入信号 A 的作用下封住 B 口,S 无输出;当 A 口无输入时,B 口有输入信号,S 就有输出.即 A 口的输入信号对 B 口的输入信号起"禁止"作用,$S=\overline{A}B$.

(4)"或非门"元件.图 8-38 所示为三输入"或非门"元件工作原理图,它在非门元件的基础上增加两个信号输入口,具有 A、B、C 三个输入信号.三个信号膜片各自独立,即阀柱相应的上、下膜片可以分开.当所有的输入端都没有输入信号时,元件才有输出 S;只要有一个输入端有信号输入,元件就没有输出;即 $S=\overline{A+B+C}$.

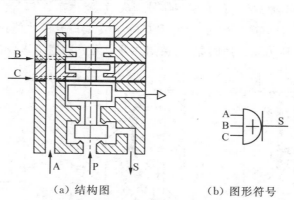

(a) 结构图   (b) 图形符号

图 8-38 "或非门"元件

"或非门"元件是一种多功能逻辑元件,用这种元件可以实现"是门""或门""与门""非门"及记忆等各种逻辑功能.

(5)"双稳"元件."双稳"元件属于记忆元件,在逻辑回路中起着重要作用.图 8-39 所示为"双稳"元件的原理图.当 A 有输入信号时,阀芯 A 被推向右端(图示位置),气源的压缩空气从 P 口至 S_1 输出,而 S_2 与排气口相通,此时"双稳"处于"1"状态;在控制端 B 的输入信号来临之前,A 的信号虽然消失,但阀芯 a 仍保持在右端位置,S_1 总有输出;当 B 有输入信号时,阀芯 a 被推向左端,此时压缩空气从 P 口至 S_2 输出,S_1 与排气口相通,"双稳"处于"0"状态,在 B 信号消失后、A 信号输入前,阀芯 a 保持在左端位置,S_2 总有输出.因此该元件具有记忆功能,但在使用过程中不能使两个输入端同时加输入信号,那样元件将处于不定工作状态.

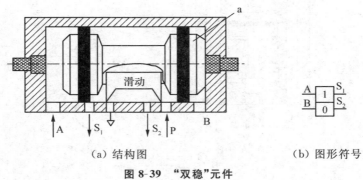

(a) 结构图   (b) 图形符号

图 8-39   "双稳"元件

3. 高压膜片式逻辑元件

高压膜片元件是利用膜片式阀芯的变形来实现各种逻辑功能的,其最基本单元是三门元件和四门元件.

(1) 三门元件.如图 8-40 所示为三门元件工作原理图,膜片将气室分为左、右两部分,左右不对称,左气室与气口 A、B 相通,右气室与气口 C 相通.因为元件共有三个口,所以称之为三门元件.A 口为输入口,接气源;B 口为输出口;C 口接控制信号.在 B 口不接负载通大气时:若 A 和 C 输入相等的压力,由于膜片两边作用面积不同,受力不等,A 口通道被封闭,所以从 A 到 B 的气路不通;当 C 口的控制信号消失后,膜片在 A 口气源压力作用下变形,则 A 到 B 的气路接通.在 B 口接负载时,只有 B 口降压或 C 口升压才能保证 A 与 B 之间的气路可靠关断.利用这个压力差作用的原理,关闭或开启元件的通道,可组合各种逻辑元件.

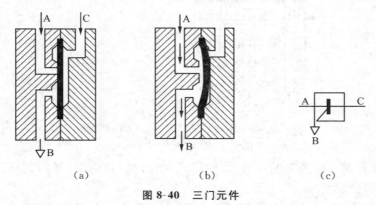

(a)   (b)   (c)

图 8-40   三门元件

(2) 四门元件.如图 8-41 所示为四门元件工作原理图.膜片将元件分为左右两个对称的气室,左气室有输入口 A 和输出口 B,右气室有输入口 C 和输出口 D,因为共有四个口,所以称之为四门元件.四门元件是一个压力比较元件.若输入口 A 的气压比输入口 C 的气压低,则膜片封闭 B 的通道,断开 A 与 B 的气路,接通 C 和 D 通路;反之,C 到 D 通路断开,A 到 B 通路接通.也就是说,膜片两侧都有压力且压力不等时,压力小的一侧通道被断开,压力高的一侧通道被打开;若膜片两侧气压相等,则要看哪一侧气流先到达气室,先到者通过.

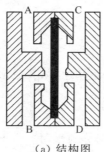 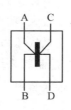

（a）结构图　　　　　（b）图形符号

图 8-41　四门元件

上述三门和四门两种基本元件,可构成逻辑回路中常用的或门、与门、非门、记忆元件等.

思考与练习

一、填空题

1. 气压传动系统由＿＿＿＿＿、＿＿＿＿＿、＿＿＿＿＿、＿＿＿＿＿组成.

2. 后冷却器一般装在空压机的＿＿＿＿＿＿.

3. 油雾器一般应装在＿＿＿＿＿、＿＿＿＿＿之后,尽量靠近＿＿＿＿＿.

4. 气缸用于实现＿＿＿＿＿或＿＿＿＿＿.

5. 马达用于实现连续的＿＿＿＿＿.

6. 气-液阻尼缸是由＿＿＿＿和＿＿＿＿组合而成的,以＿＿＿＿＿为能源,以＿＿＿＿＿作为控制调节气缸速度的介质.

7. 压力控制阀是利用＿＿＿＿＿和弹簧力相平衡的原理进行工作的.

8. 流量控制阀是通过＿＿＿＿＿来调节压缩空气的流量,从而控制气缸的运动速度的.

9. 排气节流阀一般应装在＿＿＿＿＿的排气口处.

10. 快速排气阀一般应安装在＿＿＿＿＿.

11. 气压控制换向阀分为＿＿＿＿、＿＿＿＿、＿＿＿＿和＿＿＿＿控制.

12. 气动逻辑元件按逻辑功能可分为＿＿＿＿、＿＿＿＿、＿＿＿＿、＿＿＿＿元件.

二、判断题

1. 气压传动能使气缸实现准确的速度控制和很高精度的定位. （　　）

2. 由空气压缩机产生的压缩空气,一般不能直接用于气压系统. （　　）

3. 压缩空气具有润滑性能. （　　）

4. 一般在换向阀的排气口应安装消声器. （　　）

5. 气动逻辑元件的尺寸较大,功率较大. （　　）

6. 常用外控溢流阀保持供气压力基本恒定. （　　）

7. 气压传动中,用流量控制阀来调节气缸的运动速度,其稳定性好. （　　）

8. 气动回路一般不设排气管道. （　　）

三、简答题

1. 气压传动系统由几部分组成? 试说明各部分的作用.

2. 气源调节装置包括哪些元件? 分别起什么作用?

3. 油雾器为什么可以在不停气的状态下加油?

4. 试简述气-液阻尼缸的工作原理.

5. 减压阀、顺序阀和溢流阀的工作原理、用途及图形符号有什么不同?

6. 在实现逻辑运算方面,气动逻辑元件相比较于气动方向控制阀有什么优点?

第九章 气动基本回路

气压传动系统的形式很多,但和液压传动系统一样,都是由不同功能的基本回路组成的.熟悉常用的基本回路是分析和设计气压传动系统的必要基础.

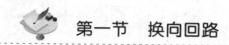

第一节 换向回路

在气动系统中,执行元件的启动、停止或改变运动方向是通过控制进入执行元件的压缩空气的通、断或变向来实现的,这些控制回路称为换向回路.

一、单作用气缸换向回路

图 9-1(a)是由二位三通电磁阀控制的换向回路,电磁铁通电时靠气压使活塞上升;断电时靠弹簧作用(或其他外力作用)使活塞下降.该回路比较简单,但对由气缸驱动的部件有较高要求,以确保气缸活塞可靠退回.如图 9-1(b)所示为三位四通电磁阀控制的换向回路,该阀在两电磁铁均失电时能自动对中,使气缸停于任何位置,但由于泄漏,其定位精度不高,且定位时间不长.

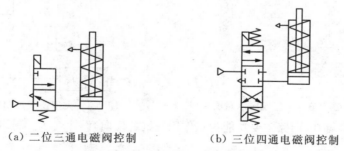

(a) 二位三通电磁阀控制　　　　　(b) 三位四通电磁阀控制

图 9-1　单作用气缸换向回路

二、双作用气缸换向回路

如图 9-2 所示为各种双作用气缸的换向回路.图 9-2(a)是比较简单的换向阀回路;图 9-2(f)有中停位置,但中停定位精度不高;图 9-2(d)、(e)、(f)的两端控制电磁铁线圈或按钮不能同时操作,否则会出现误动作,回路具有相当于双稳的逻辑功能;图 9-2(b)回路中,A 口有压缩空气输入时气缸推出,反之气缸缩回;图 9-2(c)为单气控换向阀控制的回路,气控换向阀由二位三通手动换向阀控制切换.

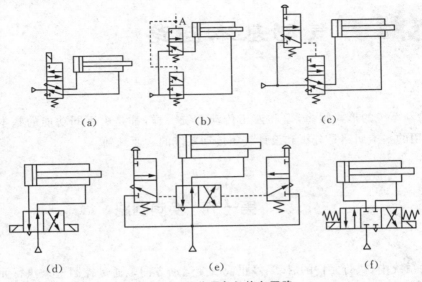

图 9-2　双作用气缸换向回路

三、回路设计实例

如图 9-3 所示的大型压床的压头运动由气动回路实现,要求启动开关后气缸活塞伸出,松开开关活塞复位.

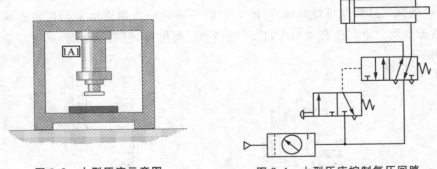

图 9-3　大型压床示意图　　　　图 9-4　大型压床控制气压回路

从设计要求可知,回路主要功能为双作用气缸的换向,设计气压控制回路如图 9-4 所示.

第二节　压力控制回路

对系统压力进行调节和控制的回路称为压力控制回路.常用的有一次压力控制回路、二次压力控制回路和高低压切换回路.

一、一次压力控制回路

如图 9-5 所示为一次压力控制回路.这种回路主要作用是控制气罐内的压力,使其不超过规定的压力值.该回路常用溢流阀 1 保持供气压力基本恒定或用电接点式压力表 5 来控制空气压缩机的启动、停止,使气罐内压力保持在规定的范围内.采用溢流阀结构较简单、工作可靠,但气量浪费大;采用电接点式压力表对电动机进行控制,要求较高,常用于对小型空压机的控制.

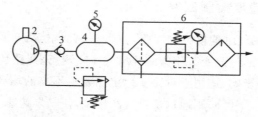

1:溢流阀　2:空压机　3:单向阀　4:气罐　5:压力表　6:气动三联件

图 9-5　一次压力控制回路

二、二次压力控制回路

二次压力控制回路主要作用是控制气动控制系统的气源压力.常用如图 9-6 所示的由空气过滤器 1、减压阀 2、油雾器 4(气动三大件)组成的回路,但要注意,供给逻辑元件的压缩空气不要加入润滑油.

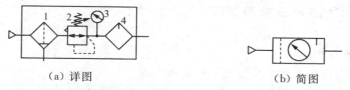

(a) 详图　　　　　　　　　　　　　　　　(b) 简图

1:空气过滤器　2:减压阀　3:压力表　4:油雾器

图 9-6　二次压力控制回路

三、高低压切换回路

如图 9-7 所示为利用换向阀控制高、低压力切换的回路.由换向阀控制输出气动装置所需要的压力,该回路适用于负载差别较大的场合.若去掉换向阀,就可同时输出高低两种压力的压缩空气.

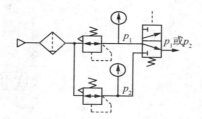

图 9-7　高低压切换回路

第三节　速度控制回路

速度控制回路的作用在于调节或改变执行元件的工作速度.

一、单作用气缸速度控制回路

图 9-8 所示为单作用气缸速度控制回路,在图 9-8(a)中,活塞两个方向的运动速度分别由两个单向节流阀调节,通过改变节流阀的开口大小实现.该回路运动平稳性和速度刚性都较差,易受外负载变化的影响,适用于对速度稳定性要求不高的场合.在图 9-8(b)所示的回路中,气缸上升时可调速,下降时则通过快排气阀排气,使气缸快速返回.

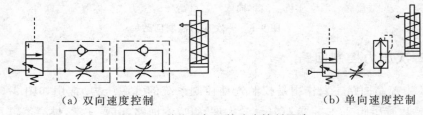

（a）双向速度控制　　　　　　　　　　　（b）单向速度控制

图 9-8　单作用气缸的速度控制回路

二、双作用气缸速度控制回路

1. 单向调速回路

双作用缸有节流供气和节流排气两种调速方式.

如图 9-9(a)所示为节流供气调速回路,在图示位置,当气控换向阀不换向时,进入 A 腔的气流流经节流阀,B 腔排出的气体直接经换向阀快排.当节流阀开度较小时,由于进入 A 腔的流量较小,压力上升缓慢,当气压达到能克服负载时,活塞前进,此时 A 腔容积增大,结果使压缩空气膨胀,压力下降,使作用在活塞上的力小于负载,因而活塞就停止前进.待压力再次上升时,活塞才再次前进.这种由于负载及供气的原因使活塞忽走忽停的现象,叫气缸的"爬行".

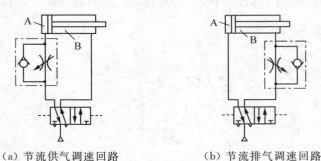

（a）节流供气调速回路　　　　　（b）节流排气调速回路

图 9-9　双作用缸单向调速回路

节流供气的不足之处主要表现为：

（1）当负载方向与活塞运动方向相反时，活塞运动易出现不平稳现象，即"爬行"现象.

（2）当负载方向与活塞运动方向一致时，由于排气经换向阀快排，几乎没有阻尼，负载易产生"跑空"现象，使气缸失去控制. 所以节流供气多用于垂直安装的气缸的供气回路中，在水平安装的气缸的供气回路中一般采用如图9-9(b)所示的节流排气回路.

由图9-9(b)图示位置可知，当气控换向阀不换向时，从气源来的压缩空气，经气控换向阀直接进入气缸的 A 腔，而 B 腔排出的气体必须经节流阀到气控换向阀再排入大气，因而 B 腔中的气体就具有一定的压力. 此时活塞在 A 腔与 B 腔的压力差作用下前进，而减少了"爬行"发生的可能性. 调节节流阀的开度，就可控制不同的排气速度，从而也就控制了活塞的运动速度，排气节流调速回路具有下述特点：

（1）气缸速度随负载变化较小，运动较平稳.

（2）能承受与活塞运动方向相同的负载（反向负载）.

以上的讨论，适用于负载变化不大的情况. 当负载突然增大时，气体的可压缩性将迫使气缸内的气体压缩，使活塞运动速度减慢；反之，当负载突然减小时，气缸内被压缩的空气必然膨胀，使活塞运动加快，这称为气缸的"自走"现象. 因此在要求气缸具有准确而平稳的速度时（尤其在负载变化较大的场合），就要采用气液相结合的调速方式.

2. 双向调速回路

在气缸的进、排气口装设节流阀，就组成了双向调速回路，在图 9-10 所示的双向节流调速回路中，如图 9-10(a)所示为采用单向节流阀的双向节流调速回路，属于进气节流，具有承载能力大、不能承受负值负载、运动平稳性差、受外负载变化的影响大等特点；如图 9-10(b)所示为采用排气节流阀的双向节流调速回路，可承受负值负载，运动平稳性好，受外负载变化的影响较小.

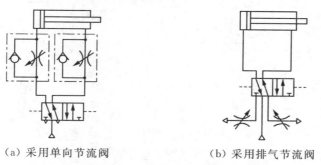

（a）采用单向节流阀　　　　　（b）采用排气节流阀

图 9-10　双向调速回路

3. 快速往复运动回路

将图 9-10(a)中两只单向节流阀换成快速排气阀就构成了快速往复回路，如图 9-11 所示，若欲实现气缸单向快速运动，可只采用一只快速排气阀.

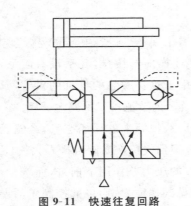

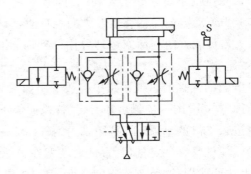

图 9-11　快速往复回路　　　　　　　　图 9-12　速度换接回路

4. 速度换接回路

如图 9-12 所示的速度换接回路利用两个二位二通阀与单向节流阀并联,当挡铁压下行程开关时,发出电信号,使二位二通阀换向,改变排气通路,从而使气缸速度改变.行程开关的位置,可根据需要选定.图中二位二通阀也可改用行程阀.

5. 缓冲回路

要获得气缸行程末端的缓冲,除采用带缓冲的气缸外,在行程长、速度快、惯性大的情况下,往往须采用缓冲回路来满足气缸运动速度的要求,常用的方法如图 9-13 所示.图 9-13(a)所示回路能实现"快进→慢进缓冲→停止→快退"的循环,行程阀可根据需要来调整缓冲开始位置,这种回路常用于惯性力大的场合.图 9-13(b)所示回路的特点是,当活塞返回到行程末端时,其左腔压力已降至打不开顺序阀 2 的程度,余气只能经节流阀 1 排出,因此活塞得到缓冲,这种回路常用于行程长、速度快的场合.

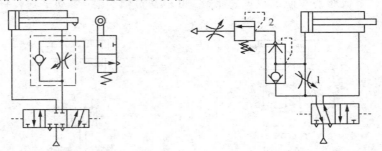

（a）实现"快进→慢进缓冲→停止→快退"循环的回路　　（b）用于行程长、速度快的场合的回路

图 9-13　缓冲回路

图 9-13 所示的回路,都只能实现一个运动方向上的缓冲,若两侧均安装此回路,可达到双向缓冲的目的.

6. 气液联动速度控制回路

(1) 气液转换速度控制回路.

如图 9-14 所示为气液转换速度控制回路,它利用气液转换器 1、2 将气体的压力转变成液体的压力,利用液压油驱动液压缸 3,从而得到平稳易控制的活塞运动速度;调节节流阀的开度,可以实现活塞在两个运动方向的无级调速.它要求气液转换器的储油量大于液压缸的容积,并有一定的余量.这种回路运动平稳,充分发挥了气动供气方便和液压速度易控制的特点.但气、液之间要求密封性好,以防止空气混入液压油中,从而保证运动速度的稳定.

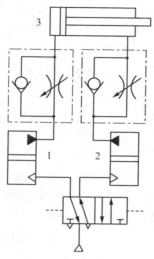

1、2:气液转换器　3:液压缸

图 9-14　气液转换速度控制回路

（2）气液阻尼缸的速度控制回路.

如图 9-15(a)所示的气液阻尼缸速度控制回路为慢进快退回路,改变单向节流阀的开度,即可控制活塞的前进速度;活塞返回时,气液阻尼缸中液压缸无杆腔的油液通过单向阀快速流入有杆腔,故返回速度较快,高位油箱起到补充泄漏油液的作用.图 9-15(b)所示为能实现机床工作循环中常用的"快进→工进→快退"动作的控制回路.当有 K_2 信号时,五通阀换向,活塞向左前进;当活塞将 a 口关闭时,液压缸无杆腔中的油液被迫从 b 口经节流阀进入有杆腔,活塞工作进给;K_2 消失,有 K_1 输入信号时,五通阀换向,活塞向右快速返回.

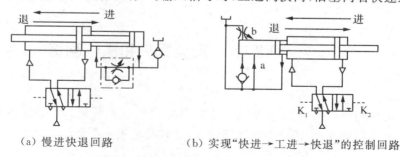

（a）慢进快退回路　　　　（b）实现"快进→工进→快退"的控制回路

图 9-15　气液阻尼缸的速度控制回路

三、回路设计实例

板件折压成型机构如图 9-16 所示,启动开关,装有成型装置的双行程气缸快速伸出将平板工件折压成型.当松开开关时气缸活塞复位,且要求复位时活塞的速度可调.

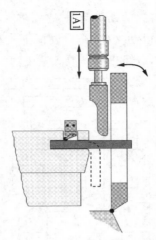

图 9-16　板件折压成型机构示意图

　　为了提高气缸活塞伸出的速度,回路中可采用快速排气阀,同时利用与门型梭阀实现松开开关气缸复位的要求,气动回路图如图 9-17 所示.

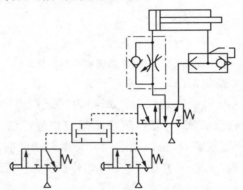

图 9-17　板件折压成型机构控制气动回路

 第四节　安全保护和操作回路

　　由于气动机构负荷的过载、气压的突然降低以及气动执行机构的快速动作等都可能危及操作人员或设备的安全,因此在气动回路中,常常要加入安全回路.

一、过载保护回路

　　图 9-18 所示为保护回路,当活塞杆在伸出途中遇到偶然障碍或由于其他原因使气缸过载时,活塞就立即缩回,实现过载保护.在活塞伸出的过程中,若遇到障碍 6,无杆腔压力升高,打开顺序阀 3,使阀 2 换向,阀 4 随即复位,活塞立即退回;同样,若无障碍 6,气缸向前运动时压下阀 5,活塞即刻返回.

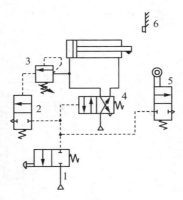

图 9-18　过载保护回路

二、互锁回路

图 9-19 为互锁回路,在该回路中,四通阀的换向受三个串联的机动三通阀控制,只有三个都接通,主控阀才能换向.

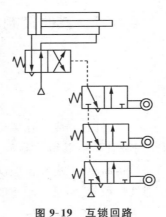

图 9-19　互锁回路

三、双手同时操作回路

所谓双手同时操作回路就是使用两个启动用的手动阀,只有同时按动两个阀才动作的回路.设计使用这种回路主要是为了保证安全.它在锻造、冲压机械上常用来避免误动作,以保护操作者的安全.

图 9-20(a)所示为使用逻辑"与"回路的双手同时操作回路,为使主控阀换向,必须使压缩空气信号进入控制口,为此必须使两个三通手动阀同时换向,另外,这两个阀必须安装在单手不能同时操作的距离上,在操作时,如任何一只手离开则控制信号消失,主控阀复位,活塞杆后退.图 9-20(b)所示的是使用三位主控阀的双手同时操作回路,把主控阀 1 的信号 A 作为手动阀 2 和 3 的逻辑"与"回路,也就是只有手动阀 2 和 3 同时动作时,主控阀 1 换向到上位,活塞杆前进;把信号 B 作为手动阀 2 和 3 的逻辑"或非"回路,即当手动阀 2 和 3 同时松开时(图示位置),主控制阀 1 换向到下位,活塞杆返回;若手动阀 2 或 3 任何一个动作,将

使主控阀复位到中位,活塞杆处于停止状态.

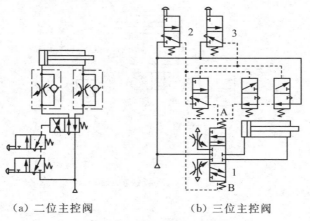

（a）二位主控阀　　　（b）三位主控阀

图 9-20　双手同时操作回路

第五节　其他控制回路

一、位置控制回路

位置控制回路的功用在于控制执行元件在预定或任意位置停留.

图 9-21(a)为用缓冲挡铁的位置控制回路.靠缓冲器 1 使活塞在预定位置之前缓冲,最后由定位块 2 强迫小车停止.该回路结构简单,但有冲击振动,小车与挡铁的经常碰撞、磨损对定位精度有影响.该回路适用于惯性负载较小,且运动速度不高的场合.

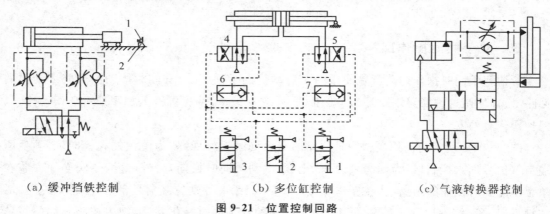

（a）缓冲挡铁控制　　　　　（b）多位缸控制　　　　　（c）气液转换器控制

图 9-21　位置控制回路

图 9-21(b)为用二位阀和多位缸的位置控制回路.由手动阀 1～3 经梭阀 6、7 控制两个换向阀 4 和 5.当阀 2 动作时,两活塞杆都缩回;阀 1 或 3 动作时,两活塞一伸一缩.该回路多应用于流水线上对物件进行检测、分选等.

图 9-21(c)为用气液转换器的位置控制回路.利用二位二通阀可使液压缸活塞停留在任意位置.该回路适用于要求定位精度较高的场合.

二、顺序动作回路

顺序动作是指在气动回路中,各个气缸按一定程序完成各自的动作.例如,单缸有单往复动作、二次往复动作、连续往复动作等;双缸及多缸有单往复及多往复顺序动作等.

1. 单缸往复动作回路

单缸往复动作回路可分为单缸单往复和单缸连续往复动作回路.前者指输入一个信号后,气缸只完成 A_1A_0 一次往复动作(A 表示气缸,下标"1"表示 A 缸活塞伸出,下标"0"表示活塞缩回动作).而单缸连续往复动作回路指输入一个信号后,气缸可连续进行 $A_1A_0A_1$ A_0 ……动作.

图 9-22 所示为三种单往复回路.图 9-22(a)为行程阀控制的单往复回路,当按下阀 1 的手动按钮后,压缩空气使阀 3 换向,活塞杆前进,当凸块压下行程阀 2 时,阀 3 复位,活塞杆返回,完成 A_1A_0 循环.图 9-22(b)所示为压力控制的单往复回路,按下阀 1 的手动按钮后,阀 3 的阀芯右移,气缸无杆腔进气,活塞杆前进,当活塞行程到达终点时,气压升高,打开顺序阀 2,使阀 3 换向,气缸返回,完成 A_1A_0 循环.图 9-22(c)是利用阻容回路形成的时间控制单往复回路,当按下阀 1 的按钮后,阀 3 换向,气缸活塞杆伸出,当压下行程阀 2 后,须经过一定的时间后,阀 3 方才能换向,再使气缸返回完成动作 A_1A_0 的循环.由以上可知,在往复回路中,每按动一次按钮,气缸可完成一个 A_1A_0 循环.

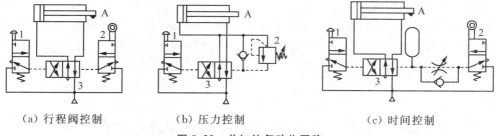

　(a) 行程阀控制　　　　(b) 压力控制　　　　　(c) 时间控制

图 9-22　单缸往复动作回路

图 9-23 所示的回路是一连续往复动作回路,能完成连续的动作循环.当按下阀 1 的按钮后,阀 4 换向,活塞向前运动,这时由于阀 3 复位将气路封闭,使阀 4 不能复位,活塞继续前进.到行程终点压下行程阀 2,阀 4 控制气路排气,在弹簧作用下阀 4 复位,气缸返回,在终点压下阀 3,阀 4 换向,活塞再次向前,形成了 $A_1A_0A_1A_0$ ……的连续往复动作,待提起阀 1 的按钮后,阀 4 复位,活塞返回而停止运动.

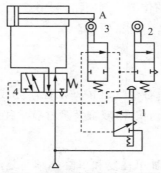

图 9-23 连续往复动作回路

2. 多缸顺序动作回路

两个及两个以上气缸按一定顺序动作的回路,称为多缸顺序动作回路,其应用较广泛.在一个循环顺序里,若气缸只做一次往复,则该顺序被称为单往复顺序;某些气缸做多次往复,则称其为多往复顺序.用 A、B、C⋯⋯表示气缸,仍用下标 1、0 表示活塞的伸出和缩回,则两个气缸的基本顺序有 $A_1B_0A_0B_1$、$A_1B_1B_0A_0$ 和 $A_1A_0B_1B_0$ 三种.三个气缸的基本动作,就有十五种之多,如 $A_1B_1C_1A_0B_0C_0$、$A_1A_0B_1C_1C_0B_0$、$A_1A_0B_1C_1B_0C_0$⋯⋯

这些顺序动作回路,都属于单往复顺序,即在每一个程序里,气缸只做一次往复,多往复顺序动作回路,其顺序的形成方式,将比单往复顺序多得多.在顺序控制系统中,把这些顺序动作回路,都叫作顺序控制回路.

三、延时回路

图 9-24(a)为延时接通"是门"回路.延时元件在主阀先导信号输入侧形成进气节流.输入先导信号 A 后须延迟一定时间,待气容中的压力达到一定值时,主阀才能换向,使 F 有输出.延时时间由节流阀调节.

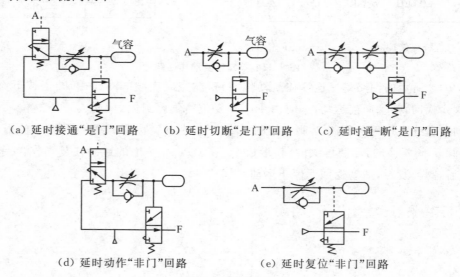

(a) 延时接通"是门"回路　　(b) 延时切断"是门"回路　　(c) 延时通-断"是门"回路

(d) 延时动作"非门"回路　　　　(e) 延时复位"非门"回路

图 9-24 延时回路

图 9-24(b)为延时切断"是门"回路.延时元件组成排气节流回路,输入信号 A 后,单向阀被推开,主阀迅速换向,立即有信号 F 输出.但当信号 A 切断后,气容内尚有一定的压力,须延迟一定时间后,输出 F 才能被切断.延时时间由节流阀调节.

图 9-24(c)为延时通–断"是门"回路,调节两个单向节流阀可分别调节通和断开的延时时间.

图 9-24(d)是延时动作"非门"回路.延时动作时间由单向节流阀调节.

图 9-24(e)是延时复位"非门"回路.延时复位时间由单向节流阀调节.

四、回路设计实例

图 9-25 为通过气缸实现的往复运动送料机构示意图,系统要求一旦操作员启动开关,气缸就开始一次送料动作,气缸的往复运动速度可调,当气缸停止在前端位置时须逗留一段时间而后返回.同时,只有当气缸返回到初始位置时,操作员才能启动下一次送料动作.

参考回路如图 9-26 所示,采用延时阀进行定时,调速阀控制气缸的往复速度,通过与门型梭阀将启动开关与气缸初始位置检测行程阀串联.

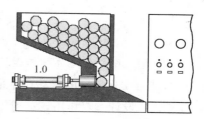

图 9-25　通过气缸实现的往复运动送料机构示意图

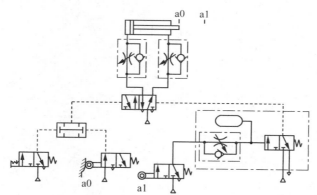

图 9-26　通过气缸实现的往复运动送料机构气压回路

 思考与练习

一、填空题

1. 换向回路控制执行元件的_____、_____或_____.

2. 二次压力回路的主要作用是_____.

3. 速度控制回路的功用是_____.

4. _____节流调速回路可以承受负值负载.

5. ＿＿＿＿＿速度控制回路具有运动平稳、停止准确、能耗低等特点.

二、简答题

1. 请说明一次压力控制回路和二次压力控制回路分别是什么.

2. 试分析图 9-27 所示的回路,能否实现双手控制气缸往复运动的功能. 为什么?

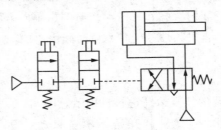

图 9-27 题 2 图

3. 用一个二位三通阀能否控制双作用气缸的换向? 若用两个二位三通阀控制双作用气缸,能否实现气缸的启动和停止?

4. 试设计一双作用气缸动作后单作用气缸才能动作的连锁回路.

5. 利用两个双作用气缸、一个顺序阀、一个二位四通电控换向阀设计顺序动作回路.

第十章　气动系统设计、分析、使用与维护

 ## 第一节　气动系统设计

各种自动化设备或生产线,大多是由程序控制的.程序控制是根据生产过程的要求,使被控的执行元件按照预定的顺序协调动作的一种自动控制方式.根据控制方式的不同,程序控制可分为时间程序控制、行程程序控制和混合程序控制三种.

时间程序控制是指各执行元件的动作顺序按时间顺序进行.时间信号通过控制线路,按一定的时间间隔分配给相应的执行元件,从而产生有顺序的动作,这种系统是一种开环的控制系统.

行程程序控制一般是闭环控制,是前一个执行元件动作完成发出信号后,下一个动作才进行的一种自动控制方式.

混合程序控制通常是在行程程序控制中加入一些时间信号,若将时间发信也看作行程信号的一种,则其也属于行程程序控制.

本节主要介绍行程程序控制系统的设计.

一、行程程序控制系统的设计步骤

行程程序控制系统具有结构简单、维修容易、动作稳定等优点,特别是当程序中某节拍出现故障时,整个程序就停止运行而自动实现保护.因此,行程程序控制方式被广泛使用,其设计步骤如下.

1. 明确工作任务和环境要求

(1) 工作要求:完成工艺或生产过程的具体程序.

(2) 动力要求:输出力和转矩的情况.

(3) 运动状态要求:执行元件的运动速度、行程、回转角速度等.

(4) 控制方式要求:手动、自动等控制方式.

(5) 工作环境要求:如温度、粉尘、易燃易爆、冲击及振动等情况.

2. 回路设计

回路设计是整个系统设计的核心,其步骤为:

（1）根据工作任务要求列出工作程序，包括执行元件个数、执行元件类型及动作顺序．

（2）根据程序画出信号-动作（X-D）状态图或卡诺图等．

（3）找出故障并消除故障．

（4）画出逻辑原理图和气动回路图．

3．选择和计算执行元件

（1）分别计算各执行元件的运动参数，如运动速度、行程、角速度、输出力、转矩等．

（2）根据运动参数选定结构参数，如气缸缸径；确定执行元件型号参数．

（3）计算耗气量．

4．选择控制元件

确定控制元件的类型及数目，确定控制方式及安全保护回路．

5．选择气动辅助元件

选择过滤器、油雾器、储气罐、干燥器等的形式与容量；选择管径及管长、管接头的形式；验算各种阻力损失包括沿程损失和局部损失．

6．根据执行元件的耗气量确定空压机的容量和台数

二、信号-动作状态图法设计行程程序回路

常用的行程程序回路设计方法有信号-动作（X-D）状态图法和卡诺图图解法．X-D 状态图法设计出的气动回路控制准确、回路简单、使用和维护方便，故障诊断和排除比较简单而又直观，本书只介绍该方法的使用．

1．信号-动作（X-D）状态图设计方法和步骤

回路设计时重点是解决信号和执行元件动作之间的协调和连接问题，大致步骤有：

（1）根据生产工艺要求，列出工作程序或工作程序图．

（2）绘制 X-D 状态图．

（3）判断和排除障碍信号，列出所有执行元件控制信号的逻辑表达式．

（4）绘制逻辑原理图．

（5）绘制气动回路原理图．

2．X-D 状态图法相关符号规定

为了使用方便，有如下一些常用的符号规定：

（1）所有气缸用 A、B、C 等大写字母进行排序标识，字母下标"1"表示气缸活塞杆伸出，下标"0"表示气缸活塞杆缩回．

（2）与气缸对应的行程阀产生的信号用与气缸对应的小写字母 a、b、c……表示，下标"1"表示活塞杆伸出过程中触发的信号，下标"0"表示活塞杆缩回过程中触发的信号．

（3）控制气缸换向的主控制阀，也用与其控制的气缸对应的大写字母符号表示．

（4）经过逻辑处理而排除障碍后的执行信号右上角加"＊"号，如 a_1^*、a_0^* 等，不带"＊"号

的信号则为原始信号.

3. X-D 状态图法简介

以两缸组成的钻床为例,A 为夹紧缸,B 为钻头进给缸,其自动工作循环为

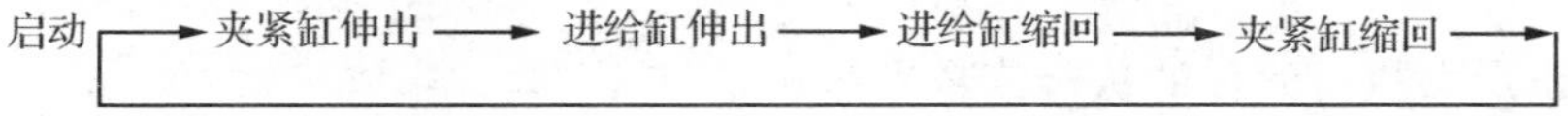

启动 ⟶ 夹紧缸伸出 ⟶ 进给缸伸出 ⟶ 进给缸缩回 ⟶ 夹紧缸缩回 ⟲

这个工作循环可以用字母简化为

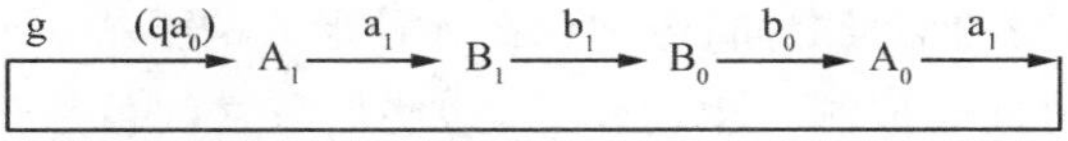

$$g \quad (qa_0) \quad A_1 \xrightarrow{a_1} B_1 \xrightarrow{b_1} B_0 \xrightarrow{b_0} A_0 \xrightarrow{a_1}$$

还可进一步略去控制信号,用 $A_1 B_1 B_0 A_0$ 表示.

（1）状态图画法.

X-D 状态图可以把各个控制信号的存在状态和气动执行元件的工作状态较清楚地用图线表示出来,从图中可以分析出故障信号的存在状态,以及消除障碍信号的各种可能性.

上述钻床的 $A_1 B_1 B_0 A_0$ 工作循环对应的 X-D 图如图 10-1 所示,主要由方格图、状态线（D 线）、信号线（X 线）三部分组成.

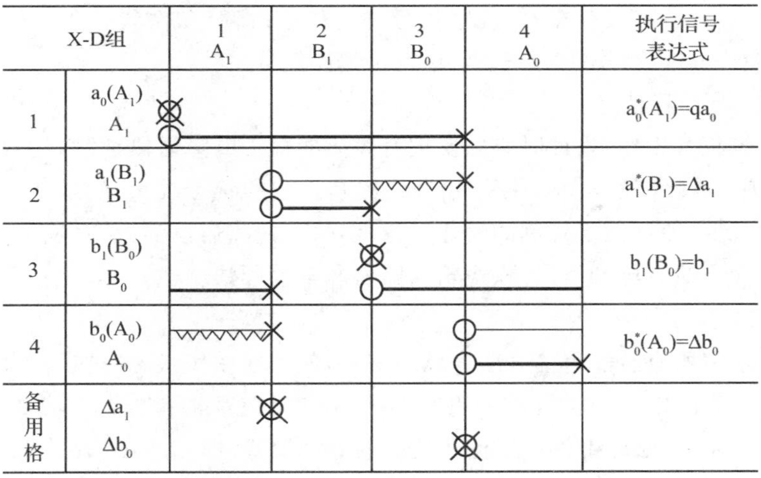

图 10-1　$A_1 B_1 B_0 A_0$ 的 X-D 图

① 画方格图.如图 10-1 所示,方格图横栏设置按照工作循环 A_1、B_1、B_0、A_0 的顺序,从左至右,每个动作状态写一列,并在上方依次填上程序序号 1～4,最右侧留出一栏作为"执行信号表达式".方格图最左侧纵栏,从上至下依次填写控制信号和动作状态组（简称 X-D 组）序号 1、2……每个 X-D 组,上面一行表示行程信号,下面一行表示该信号控制的动作状态,例如 $a_0 (A_1)$ 表示行程信号 a_0 控制动作 A_1.方格图最下方为备用,可根据具体情况填入中间记忆元件或辅助阀的输出信号、消障信号及连锁信号等.

② 画状态线（D 线）.每个 X-D 组中第二行对应的动作状态情况用横向粗实线画出.状态线的起点是该动作程序的开始处,用"○"画出;状态的终点是该动作程序的结束处,用"×"画出.例如,A_1 表示缸 A 伸出,这个状态在缸 A 缩回出现前一直保持不变,此时 A_1 的动作线终点在 A_0 的开始处.

③ 画信号线（X 线）. 在每个 X-D 组中第一行用细实线画出各行程的信号线. 信号线的起点与同一组中动作线的起点相同，用"○"画出；信号线的终点与上一组中触发该信号的动作线终点相同，用"×"画出. 图 10-1 中"⊗"表示该信号的起点和终点重合，即该信号为脉冲信号.

（2）列出所有执行元件的执行信号表达式.

① 判断有无障碍信号.

大部分行程程序回路的信号之间，经常存在各种形式的干扰，如一个信号妨碍另一个信号的输出，或者两个信号同时控制一个动作等，这些信号之间就形成了障碍，使得动作不能正常进行，构成了有障回路，必须设法将其排除. 常见障碍信号分为两种类型：如果一个信号妨碍另一个信号输入，使得程序不能正常进行，称之为 I 型障碍信号，它通常出现在单往复行程回路中；由于信号多次出现而产生的障碍，称为 II 型障碍信号，这种障碍多出现在多往复回路中. 行程程序控制回路设计的关键就是要找出这些障碍信号并设法排除.

在 X-D 图中，若各信号线均比所控制的动作线短或等长，则各信号均为无障碍信号；若有信号线比所控制的动作线长，则该信号为障碍信号，长出的那部分线段称为故障段，用波浪线"～～～"表示. 有故障段存在时，说明信号与动作不协调，动作状态要改变而其控制信号未消失，即不允许其改变. 图 10-1 中 a_1、b_0 就是障碍信号.

② 排除障碍（简称消障）.

为了使系统正常工作，设计时必须要把有障碍的信号的障碍段消除，使其变成无障碍信号. 在 X-D 图中，障碍信号表现为控制信号线比其控制的状态线长，所以常用的消障方法就是缩短信号线长度，使其短于控制的动作线长度，从而使障碍段消失.

常用的消障方法有脉冲信号法、逻辑回路法和辅助阀法.

a. 脉冲信号法.

脉冲信号法将所有有障碍信号变为脉冲信号，使其在动作状态完成后立即消失，任意的 I 型障碍信号都可采用该方法消除. 若将图 10-1 中障碍信号 a_1 和 b_0 都变成脉冲信号，它们就成了无障碍信号了. 用 Δa_1 和 Δb_0 表示 a_1 和 b_0 的脉冲形式，即 $a_1 \rightarrow \Delta a_1$、$b_0 \rightarrow \Delta b_0$，则信号 a_1 的执行信号表达式为 $a_1^*(B_1) = \Delta a_1$；信号 b_0 的执行信号表达式为 $b_0^*(A_0) = \Delta b_0$. 将其填入 X-D 图中，就成为完整的图 10-1 的形式.

如何生成脉冲信号 Δa_1 和 Δb_0 呢？常用的方法有机械法和脉冲回路法.

机械法是利用活络挡块或通过式行程阀产生脉冲信号的消障方法. 图 10-2(a) 中，利用活络挡铁，在活塞杆伸出过程中触发行程阀发出脉冲信号，而活塞杆缩回过程中行程阀不发信号；图 10-2(b) 中，采用单向滚轮式行程阀，在活塞杆伸出过程中压下行程阀发出脉冲信号，而活塞杆返回过程中由于行程阀的头部具有可折性，没有把阀压下，行程阀不发信号. 但要注意的是，在使用机械法消障回路中，不能将行程阀用来限位，因为这类行程阀须保留一段行程确保挡块或凸轮通过，不能安装在活塞杆行程的末端.

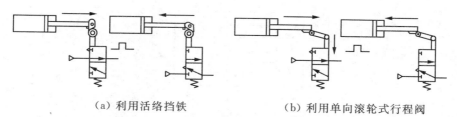

（a）利用活络挡铁　　　　　　　（b）利用单向滚轮式行程阀

图 10-2　机械法脉冲消障

　　脉冲回路法利用脉冲回路或脉冲阀的方法将有障信号变为脉冲信号. 图 10-3 为脉冲回路原理图. 有障碍信号发出后, 阀 K 立即有信号输出; 同时, a 信号经气阻气容延时送至 K 阀控制端, 当压力上升到切换压力时, 输出信号口即被切断, 使其变为脉冲信号. 可将图 10-3 的脉冲回路制为一个脉冲阀进行回路简化, 但其成本相对较高.

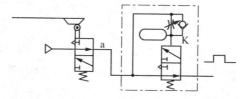

图 10-3　脉冲回路原理

　　b. 逻辑回路法.

　　逻辑回路法利用逻辑门的性质, 将长信号变成短信号, 从而消除障碍信号. 逻辑"与"排障法如图 10-4 所示, 为了排除障碍信号 m 中的障碍段, 可以引入一个辅助信号 x（称为制约信号）, 把 x 和 m 进行"与"得到消障后的无障碍信号 m^* , 即 $m^* = mx$. 制约信号的选用原则是要尽量选用系统中的原始信号, 这样可不增加气动元件, 但原始信号作为制约信号时, 其起点应在障碍信号开始之前, 可以用一个单独的逻辑"与"元件来实现, 也可用一个行程阀两个信号的串联或两个行程阀的串联实现.

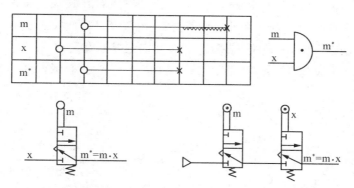

图 10-4　逻辑"与"排障法

　　逻辑"非"排障法用原始信号经逻辑"非"运算得到反相信号排除障碍, 原始信号做逻辑"非"（即制约信号 x）的条件是其起始点要在有障信号 m 的执行段之后、m 的障碍段之前, 终点则要在 m 的障碍段之后, 如图 10-5 所示.

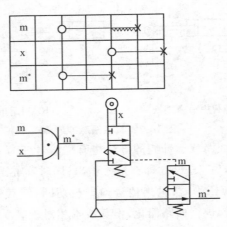

图 10-5　逻辑"非"排障法

c. 辅助阀法.

在 X-D 图中找不到可用来作为消障的制约信号时,可采用增加一个辅助阀的方法消障,这个辅助阀就是中间记忆元件,即双稳元件.其方法是用中间记忆元件的输出信号作为制约信号,用它和有障碍信号 m 进行"与"排除 m 中的障碍.其消障后执行信号的逻辑函数表达式为

$$m^* = mK_d^t \tag{10-1}$$

式中,m——有障碍信号;

　　　　m^*——排障后的执行信号;

　　　　K——辅助阀(中间记忆元件)的输出信号;

　　　　t、d——辅助阀的两个控制信号.

图 10-6(a)为辅助阀排除障碍的逻辑原理图,图 10-6(b)为其回路原理图,图中 K 为双气控二位三通阀,当 t 有压力时,K 阀有输出,而当 d 有压力时 K 阀无输出.很明显 t 与 d 不能同时存在,从 X-D 线图上看,t 与 d 二者不能重合,用逻辑代数式来表示,要满足制约关系 td＝0.在用辅助阀排障中,辅助阀的控制元件 t、d 的选择原则是:

· t 是使 K 阀"通"的信号,其起点应选在 m 信号起点之前(或同时),其终点应在 m 的无障碍段中.

· d 是使 K 阀"断"的信号,其起点应在信号 m 的无障碍段中,其终点应在 t 起点之前.

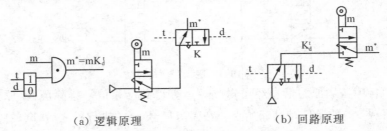

（a）逻辑原理　　　　　　　　　（b）回路原理

图 10-6　采用中间记忆元件排障

图 10-7 为记忆元件控制信号选择的示意图.

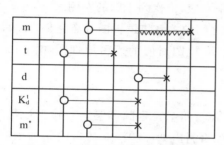

图 10-7 记忆元件控制信号的选择

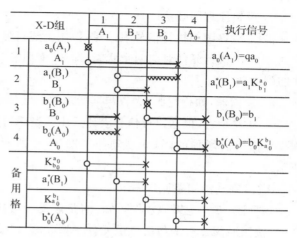

图 10-8 $A_1 B_1 B_0 A_0$ 辅助阀排障的 X-D 图

图 10-8 是对动作程序 $A_1 B_1 B_0 A_0$ 的障碍信号 a_1 和 b_0,用辅助阀法排除障碍的 X-D 线图.

还须指出的是:在 X-D 图中,若信号线与动作线等长则此信号可称为瞬时障碍信号,它不加排除也能自动消失,仅使某个行程的开始比预定的程序产生微小的时间滞后,一般无须考虑. 在图 10-8 中排除障碍后的执行信号 $a_1^*(B_1)$ 和 $b_0^*(A_0)$ 实际上也还是属于这种类型.

(3) 绘制逻辑原理图.

气控逻辑原理图是根据 X-D 图的执行信号表达式,综合考虑手动、启动、复位等功能画出的逻辑方框图. 依据逻辑原理图可以较快画出气动回路原理图,因此它是 X-D 图和回路原理图的桥梁.

① 基本组成与符号.

逻辑原理图主要由"是""或""与""非""记忆"等逻辑符号表示,一个逻辑运算可以在气动回路中由多种方案实现,因此一个逻辑符号并不代表某一确定的元件,如"与"运算可以是一个逻辑元件,也可由两个气阀串联而成.

执行元件的输出,由主控阀的输出表示,因为主控阀常具有记忆能力,因而可用逻辑记忆符号表示;行程发信装置主要是行程阀,也包括外部信号输入装置如启动阀、复位阀等,这些符号加上小方框表示各种原始信号,而在小方框上方画相应的符号表示阀的各种操作方式,如图 10-9 中信号 q 方框上方符号表示该阀为手动换向.

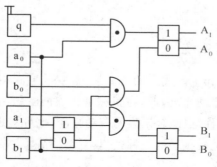

图 10-9 $A_1 B_1 B_0 A_0$ 逻辑原理图

② 逻辑原理图画法.

根据 X-D 图中执行信号表达式,使用上述符号按下列步骤绘制:

a. 每个执行元件对应两个状态,即"0"缩回和"1"伸出,与主控阀相连,自上而下依次画在图的右侧.

b. 发信器,如行程阀,大致与其所控制的元件水平对应,依次列于图的左侧.

c. 从左至右,根据执行信号表达式中的逻辑符号之间的关系将逻辑图补充完整,并添加因操作需要而增加的阀(如启动阀).图 10-8 所示的 X-D 图对应的逻辑原理图如图 10-9 所示.

d. 绘制气动回路原理图.

根据图 10-9 逻辑原理图可知,回路需要一个启动阀、四个行程阀和三个双输出记忆元件(二位四通阀).三个与门可由元件串联实现,由此可绘制出如图 10-10 所示的气动回路.图中 q 为启动阀,K 为辅助阀(中间记忆元件).在具体画气动回路原理图时,一般无障碍的原始信号对应的行程阀为有源元件,直接与气源相接;有障碍的原始信号,若用逻辑回路法消障对应的为无源元件,不能与气源相连,若用辅助阀消障,则只要将其与辅助阀、气源串接即可,如图 10-10 中的 a_1 和 b_0 信号.

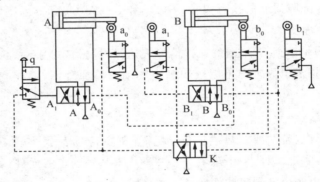

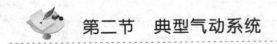

图 10-10 无障 $A_1 B_1 B_0 A_0$ 气动回路图

第二节 典型气动系统

一、机械手气压控制系统

机械手是自动生产设备和生产线上的重要装置之一,它可以根据各种自动化设备的工作需要,按照预定的控制程序动作.因此,在机械加工、冲压、锻造、铸造、装配和热处理等生产过程中被广泛用来搬运工件,以减轻工人的劳动强度;也可实现自动取料、上料、卸料和自动换刀的功能.气动机械手是机械手的一种,它具有结构简单,重量轻,动作迅速、平稳、可靠和节能等优点.

图 10-11 为一种气动机械手的结构示意图. 该系统有四个气缸,可在三个坐标内工作,其中 A 缸为抓取机构的松紧缸,其活塞杆伸出时松开工件,活塞杆缩回时夹紧工件;B 缸为长臂伸缩缸,可以实现伸出和缩回动作;C 缸为机械手升降缸;D 缸为立柱回转缸,该气缸为齿轮齿条缸,把活塞的直线往复运动转变为立柱的旋转运动,实现立柱的回转.

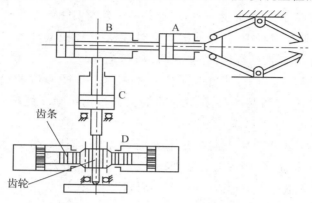

图 10-11　气动机械手结构示意图

机械手的控制程序要求如图 10-12(a)所示,动作程序如图 10-12(b)所示,图中 g 为启动信号.

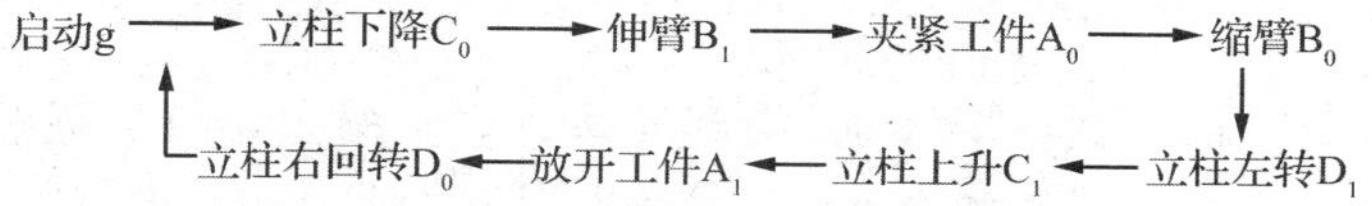

启动 g ⟶ 立柱下降 C_0 ⟶ 伸臂 B_1 ⟶ 夹紧工件 A_0 ⟶ 缩臂 B_0

立柱右回转 D_0 ⟵ 放开工件 A_1 ⟵ 立柱上升 C_1 ⟵ 立柱左转 D_1

(a) 控制程序

g — C_0 $\frac{c_0}{}$ B_1 $\frac{b_1}{}$ A_0 $\frac{a_0}{}$ B_0 $\frac{b_0}{}$ D_1 $\frac{d_1}{}$ C_1 $\frac{c_1}{}$ A_1 $\frac{a_1}{}$ D_0 $\frac{d_0}{}$

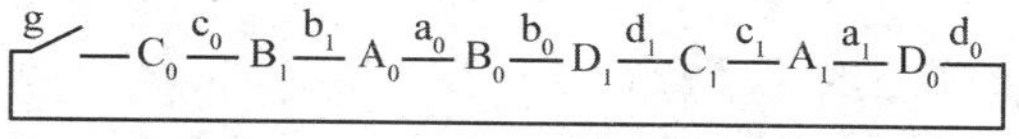

(b) 动作程序

图 10-12　机械手动作程序

图 10-13 为气动机械手的控制原理图. 信号 b_0、c_0 对应无源元件,不能直接与气源相连,只有分别通过 a_0 与 a_1 方能与气源相连接.

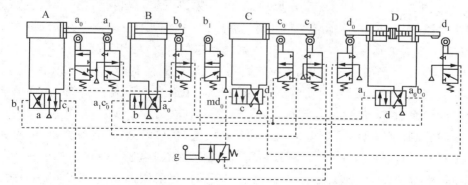

图 10-13　机械手气压控制回路工作原理

机械手的工作原理及循环分析如下:

(1) 按下启动阀 g,控制气体经启动阀使主控阀 c 处于左位,C 缸活塞杆缩回,实现动作

C₀(立柱下降).

（2）C 缸活塞杆缩回过程中,其挡铁压下 c_0 时,控制气体使 B 缸的主控阀 b 左侧有控制信号并使阀处于左位,B 缸活塞杆伸出,实现动作 B_1(伸臂动作).

（3）B 缸活塞杆伸出过程中,其挡铁压下 b_1 时,控制气体使 A 缸的主控阀 a 左侧有控制信号并使阀处于左位,A 缸活塞杆退回,实现动作 A_0(夹紧工件).

（4）A 缸活塞杆伸出过程中,其挡铁压下 a_0 时,控制气体使 B 缸的主控阀 b 右侧有控制信号并使阀处于右位,B 缸活塞杆退回,实现动作 B_0(缩臂).

（5）B 缸活塞杆伸出过程中,其挡铁压下 b_0 时,控制气体使 D 缸的主控阀 d 左侧有控制信号并使阀处于左位,D 缸活塞杆右移,通过齿轮齿条机构带动立柱顺时针方向转动,实现动作 D_1(顺时针回转).

（6）D 缸活塞杆伸出过程中,其挡铁压下 d_1 时,控制气体使 C 缸的主控阀 c 右侧有控制信号并使阀处于右位,C 缸活塞杆伸出,实现动作 C_1(立柱上升).

（7）C 缸活塞杆伸出过程中,其挡铁压下 c_1 时,控制气体使 A 缸的主控阀 a 右侧有控制信号并使阀处于右位,A 缸活塞杆伸出,实现动作 A_1(松开工件).

（8）A 缸活塞杆伸出过程中,其挡铁压下 a_1 时,控制气体使 D 缸的主控阀 d 右侧有控制信号并使阀处于右位,D 缸活塞杆左移,带动立柱逆时针方向回转,实现动作 D_0(逆时针回转).

（9）D 缸活塞杆上的挡铁压下 d_0 时,控制气体使 C 缸的主控阀 c 左侧有控制信号并使阀处于左位,C 缸活塞杆缩回,实现动作 C_0,于是下一个工作循环又重新开始.

二、数控加工中心气压换刀系统

图 10-14 为某型号数控加工中心的气压换刀系统原理图,该系统在换刀过程中要实现主轴定位、主轴松刀、向主轴锥孔吹气和插刀、刀具夹紧等动作.其换刀程序和电磁铁动作顺序如表 10-1 所示,"＋"表示电磁铁得电,"－"表示电磁铁失电,未标注表示初始状态(失电).

数控加工中心气压换刀系统工作原理如下:当数控系统发出换刀指令时,主轴停止转动,同时电磁铁 4YA 通电,压缩空气经气动三联件 1→换向阀 4→单向节流阀 5→主轴定位缸 A 的右腔,缸 A 的活塞杆左移伸出,使主轴自动定位;定位后压下无触点开关,使电磁铁 6YA 得电;压缩空气经换向阀 6→快速排气阀 8→气液增压缸 B 的上腔,增压腔的高压油使活塞杆伸出,实现主轴松刀,同时使电磁铁 8YA 得电;压缩空气经换向阀 9→单向节流阀 11→缸 C 的上腔,使缸 C 下腔排气,活塞下移实现拔刀.回转刀库交换刀具,电磁铁 1YA 得电;压缩空气经换向阀 2→单向节流阀 3,向主轴锥孔吹气;稍后电磁铁 1YA 失电,电磁铁 2YA 得电,吹气停止;电磁铁 8YA 失电、7YA 得电,压缩空气经换向阀 9→单向节流阀 10→缸 C 的下腔,缸 C 活塞上移,实现插刀动作.同时活塞碰到行程限位阀,使电磁铁 6YA 失电,电磁铁 5YA 得电,则压缩空气经阀 6 进入气液增压器 B 的下腔,使活塞退回,主轴的机械机构使刀具夹紧.气液增压器 B 的活塞碰到行程限位阀后,使电磁铁 4YA 失电,电磁铁 3YA 得电,缸 A 的活塞在弹簧力作用下复位,回复到初始状态,完成换刀动作.

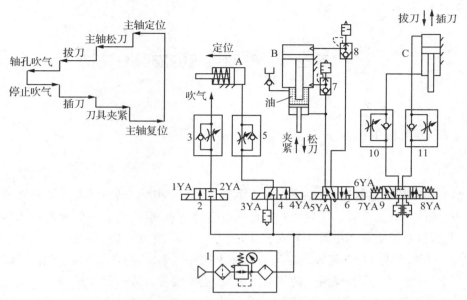

1:气动三联件 2:二位二通换向阀 3、5、10、11:单向调速阀 4:二位三通换向阀
6:二位五通换向阀 7、8:快速排气阀 9:三位五通换向阀

图 10-14 数控加工中心气压换刀系统原理图

表 10-1 电磁铁动作顺序表

	1YA	2YA	3YA	4YA	5YA	6YA	7YA	8YA
主轴定位				+				
主轴松刀				+		+		
拔刀				+		+		+
主轴锥孔吹气	+					+		+
吹气停	−	+/−						+
插刀				+		+	+	−
刀具夹紧				+	+	−		
主轴复位			+	−				

第三节 气动系统的安装与调试

一、气动系统的安装

1. 管路的安装

安装前应彻底检查管路,首先确保管路中没有粉尘及其他杂物;二是检查管路外表面及两端接头,确保完好无损且加工后的几何形状应符合要求.经检验合格的管路须吹风后才能安装,按照管路系统安装图中表明的安装、固定方法安装,并注意以下问题:

(1)导管扩口部分的几何轴线必须与管接头的几何轴线重合,否则在外套螺母拧紧时,扩口部分会一侧压紧过度,而另一侧压紧不够,产生安装应力或密封不好.

(2)螺纹连接接头的拧紧力矩要适中,拧得太紧,扩口部分会因受挤压太大而损坏,拧得不够紧则影响密封.

(3)为保证密封性,连接前管嘴表面和螺纹处应涂密封胶.为了防止密封胶进入管路内,螺纹前端 2~3 个牙不涂密封胶或拧入 2~3 个牙后再涂密封胶.

(4)管路的走向要合理,尽量平行布置,减少交叉,力求最短,弯曲要少,并避免急剧弯曲.短软管只允许做平面弯曲,长软管可以做复合弯曲.

(5)管路中任何一段均应能自由拆装.

2. 元件的安装

安装前应对元件进行清洗,必要时要进行密封试验,还要注意以下问题:

(1)各类阀体上的箭头方向或标记要符合气流流动方向.

(2)应按控制回路的需要,将逻辑元件成组地装在底板上,并在底板上开出气路,用软管接出.

(3)密封圈不要装得太紧,避免阻力太大.

(4)气缸的中心线与负载作用力的中心线要同轴,否则会引起侧向力,使密封件加速磨损、活塞杆弯曲.

(5)各自动控制仪表、控制器及压力继电器等,在安装前要进行校验.

系统安装后应进行吹风,除去安装过程中带入的杂质.吹风前要将系统的某些气动元件用工艺附件或管路替换,整个系统吹干净后再将气动元件还原安装.

二、气动系统的调试

1. 调试前的准备工作

气动回路的调试必须要在机械部分动作完全正常的情况下进行,如果机械部分没有调试好,是不能进行气动回路调试的.

要进行气动回路调试,首先必须仔细熟悉气动回路图.阅读气动回路图时要注意下面几点:

(1)阅读程序框图,大体了解气动回路概况和动作顺序及要求等.

(2)气动回路图中表示的各种阀、执行元件的状态等均为停机时的状态,因此,要正确判断各行程发信元件在此时的状态.

(3)仔细检查各管路的连接情况,在绘制气动回路图时为减少线条数目会省略某些管路,例如非门、逻辑双稳等元件的气源在绘制回路时通常都省略,在布置管路时应该接上.

(4)回路图中的线条并不代表管路的实际走向,只表示元件之间的连接关系.

(5)熟悉换向阀的换向原理和气动回路的操作规程.

调试回路前要熟悉气源,给气动系统供气时,要将压力调整到工作压力范围,观察系统有无泄漏.如发现泄漏,应先解决泄漏问题,调试工作一定要在无泄漏的情况下进行.

在气动回路无异常的情况下,首先进行手动调试.在正常工作压力下,按照程序节拍逐个进行手动调试,确定机械部分和控制部分均能正常工作.在手动动作完全正常的基础上,方可转入自动循环的调试,直至整机正常运行为止.

2. 空载试运行

空载试运行不得少于两个小时,注意观察压力、流量、温度的变化.如发现异常现象,应立即停车检查,故障排除后才能继续运行.

3. 负载试运行

负载试运行应分段加载,运行时间不少于 4 小时,要注意油位变化、摩擦部位的温升情况.调试过程中要做好记录,方便总结经验,找出问题.

 ## 第四节　气动系统的使用与维护

一、气动系统使用注意事项

开机前、后要将系统中的冷凝水排掉;定期给油雾器加油,随时注意压缩空气的清洁度,定期清洗分水过滤器的滤芯;开机前检查各调节手柄是否在正确位置,行程阀、行程开关、挡铁的位置是否正确、牢固,对导轨、活塞杆等外露部分的配合表面进行擦拭后方能开机;设备长期不用时,应将各手柄放松,以免弹簧失效而影响元件的性能;熟悉元件控制机构操作特点,严防调节错误造成事故,要注意各元件调节手柄的旋向与压力、流量大小变化的关系.

二、压缩空气的污染

压缩空气的质量对气动系统的性能影响极大,若被污染,会使管路和元件锈蚀、密封件变形、喷嘴堵塞,使系统不能正常工作.压缩空气的污染主要来自水分、油分和粉尘三个方面,具体防治方法可参见第八章相关内容.

三、气动系统的噪声

气动系统的噪声已经成为文明生产的一种严重污染,是妨碍气动技术发展和推广的一个重要因素.目前消除噪声的方法主要有两种:利用消声器和实行集中排气.

四、气动系统的密封

气动系统的阀类、气缸以及其他元件,都存在着密封问题.密封的作用是防止气体在元件中的内泄漏和向元件外的外泄漏以及杂质从外部侵入系统内部.密封件虽小,但与元件和整个系统的性能都有密切关系.个别密封件的失效可能导致元件自身甚至整个系统不能工作.因此,密封问题不可忽略.

要得到优良的密封性能,首先要求结构设计合理.此外,密封材料的质量及其对工作介质的适应性,也是决定密封效果的重要方面.气动系统中常用的密封材料有石棉、皮革、天然橡胶、合成橡胶及合成树脂等,其中合成橡胶中的耐油丁腈橡胶用得最多.

 ## 第五节　气动系统的故障诊断

气动系统的故障诊断常用方法有以下几种:

(1) 经验法.主要依靠实际经验,借助简单的仪表,诊断故障发生的部位,找出故障原因.经验法可按"望、闻、问、切"四字进行,方法简单易行,但由于每个人的感觉、实际经验和判断能力的差异,诊断故障会存在一定的局限性.

(2) 推理分析法.利用逻辑推理、步步逼近,寻找出故障真实原因.按照由简到繁、由易到难、由表及里的顺序逐一进行分析,排除掉不可能的和非主要的故障原因;故障发生前曾调整或更换过的元件先查;优先查故障概率高的常见原因.

(3) 仪表分析法.利用检测仪器仪表,如压力表、差压计、电压表、温度计、电秒表及其他电子仪器等,检查系统或元件的技术参数是否合乎要求.

(4) 部分停止法.暂时停止气动系统某部分的工作,观察对故障征兆的影响.

(5) 试探反证法.试探性地改变气动系统中部分工作条件,观察对故障征兆的影响.如阀控气缸不动作时,除去气缸的外负载,查看气缸能否正常动作,便可反证是否是由于负载过大造成气缸不动作.

(6) 比较法.用标准的或合格的元件代替系统中相同的元件,通过工作状况的对比,来判断被更换的元件是否失效.

为了从各种可能的常见故障原因中推理出故障的真实原因,可根据上述推理原则和推理方法,画出故障诊断逻辑推理框图,以便于快速准确地找到故障的真实原因.

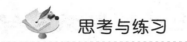

思考与练习

一、填空题

1. 根据控制方法的不同,程序控制可分为_____、_____和_____三种.

2. 为了防止漏气,螺纹连接处在连接前应_____.

3. 密封圈不要装得_____,以免阻力太大.

4. 气动回路的调试必须在_____进行.

5. 消除气动噪声的主要方法是_____和_____.

二、简答题

1. 什么是 I 型障碍信号? 常用的消障方法有哪些?

2. 什么是 II 型障碍信号? 常用的消障方法有哪些?

3. 试绘制 $A_1B_1A_0B_0$ 的 X-D 状态图和逻辑回路图,并绘制出采用脉冲排障法和辅助阀排障法的气动控制回路.

4. 使用 X-D 状态图设计程序式为 $A_1C_0B_1B_0A_0C_1$ 的逻辑原理图和气动控制回路图.

5. 在安装气动回路时,应注意什么问题?

6. 气动系统的调试内容有哪些?

7. 使用气动系统应注意哪些问题?

第十一章 电气控制系统与 PLC 控制系统

 第一节 电气控制系统

电气气动控制回路包括气动回路和电气回路两部分.气动回路一般指动力部分,电气回路指控制部分.通常在设计电气回路之前,一定要先设计出气动回路,再按照动力系统的要求选择采用何种形式的电磁阀来控制气动执行元件的运动,从而设计电气回路.本节通过两个例子来介绍电气气动控制回路的设计.

【例 11-1】 用二位五通单电控电磁换向阀控制的单气缸自动单往复回路.

利用手动按钮控制单电控二位五通电磁阀来操作单气缸实现单个循环,气动回路如图 11-1(a)所示,动作流程如图 11-1(b)所示,依照设计步骤完成图 11-1(c)所示的电气回路图.

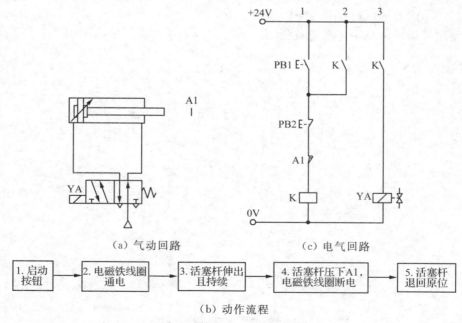

（a）气动回路　　　（c）电气回路

1. 启动按钮 → 2. 电磁铁线圈通电 → 3. 活塞杆伸出且持续 → 4. 活塞杆压下A1,电磁铁线圈断电 → 5. 活塞杆退回原位

（b）动作流程

图 11-1　单气缸自动往复回路

设计步骤如下：

（1）将启动按钮 PB1 及继电器 K 置于 1 号线上，继电器的常开触点 K 及电磁阀线圈 YA 置于 3 号线上．这样，当 PB1 被按下时，电磁阀线圈 YA 通电，电磁阀换向，活塞前进，完成图 11-1(b)中方框 1 和 2 的要求，如图 11-1(c)的 1 号线和 3 号线所示．

（2）由于 PB1 为点动按钮，松开按钮电磁阀线圈 YA 就会断电，活塞后退．为使活塞保持前进状态，必须将继电器 K 所控制的常开触点接于 2 号线上，形成一自保电路，完成图 11-1(b)中方框 3 的要求，如图 11-1(c)的 2 号线所示．

（3）将行程开关 A1 的常闭触点接于 1 号线上，当活塞杆压下行程开关 A1 时，切断自保电路，电磁阀线圈 YA 断电，电磁阀复位，活塞退回，完成图 11-1(b)中方框 5 的要求．图 11-1(c)中的 PB2 为停止按钮．

动作说明如下：

（1）按下启动按钮 PB1，继电器线圈 K 通电，控制 2 号线和 3 号线上所控制的常开触点闭合，继电器 K 自保，同时 3 号线接通，电磁阀线圈 YA 通电，活塞前进．

（2）活塞杆压下行程开关 A1，切断自保电路，1 号线和 2 号线断路，继电器线圈 K 断电，K 所控制的触点恢复原位．同时，3 号线断开，电磁阀线圈 YA 断电，活塞后退．

【例 11-2】 用二位五通单电控电磁换向阀控制的单气缸自动连续往复回路．

动力回路如图 11-2(a)所示，动作流程如图 11-2(b)所示．依照设计步骤完成图 11-2(c)所示的电气回路图．

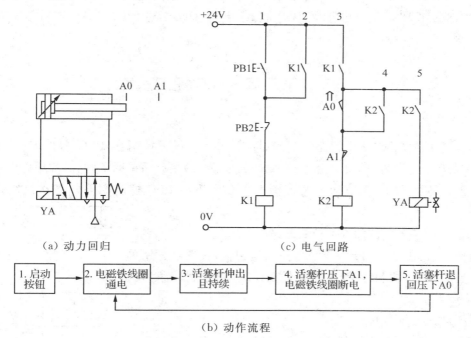

（a）动力回归　　　　　　　　　　（c）电气回路

图 11-2 单气缸自动连续往复回路

（b）动作流程

设计步骤如下：

(1) 将启动按钮 PB1 及继电器 K1 置于 1 号线上，继电器的常开触点 K1 置于 2 号线上，并与 PB1 并联，和 1 号线形成一自保电路．在 3 号线上加一继电器 K1 的常开触点．这样，当 PB1 被按下时，继电器 K1 线圈所控制的常开触点 K1 闭合，3、4、5 号线上才接通电源．

(2) 为得到下一次循环，必须多加一个行程开关，使活塞杆退回到 A0 后再次使电磁阀通电．为完成这一功能，A0 以常开触点形式接于 3 号线上，系统在未启动之前活塞杆压在 A0 上，故 A0 的起始位置是接通的．

(3) 得到电气回路图，如图 11-2(c) 所示．

动作说明如下：

(1) 按下启动按钮 PB1，继电器线圈 K1 通电，2 号线和 3 线上的 K1 所控制的常开触点闭合，继电器 K1 形成自保．

(2) 3 号线接通，继电器 K2 通电，4 号和 5 号线上的继电器 K2 的常开触点闭合，继电器 K2 形成自保．

(3) 5 号线接通，电磁阀线圈 YA 通电，活塞前进．

(4) 当活塞杆压下 A1 时，继电器线圈 K2 断电，K2 所控制的常开触点恢复原位，继电器 K2 的自保电路断开，4 号和 5 号线断路，电磁阀线圈 YA 断电，活塞后退．

(5) 活塞退回压下 A0 时，继电器线圈 K2 又通电，电路动作由 3 号线开始．

(6) 若按下 PB2，则继电器线圈 K1 和 K2 断电，活塞后退．PB2 为急停或后退按钮．

第二节　PLC 控制系统

电气气动控制由继电器回路控制发展成为采用可编程控制器（PLC）控制．气动回路的控制由于 PLC 的参与，使得对庞大、复杂多变的系统的控制简单明了，同时程序的编制与修改也变得容易了很多．本节通过两个例子来介绍采用 PLC 控制的电气气动控制系统的设计．

【例 11-3】　A 气缸的气动控制回路．

动作要求：A 缸伸出到 A1 位置立即退回，假设气缸采用单电控电磁阀控制，试利用 PLC 控制其动作．气动控制回路如图 11-3 所示．

系统设计步骤如下：

(1) 列出输入/输出元件和辅助继电器．

输入元件：缸的非接触式行程开关 A1；

主令元件：启动按钮 PB1，停止按钮 PB2；

图 11-3　单缸气动控制回路

输出元件:控制气缸的电磁阀 YA;

辅助继电器:M0;

本系统共有 3 个输入点和 1 个输出点.

(2) 选用可编程控制器.

根据本系统的 I/O 点数要求,选用 FX2N-16M 微型可编程控制器.其输入点数为 8,输出点数为 8.

(3) 列出 I/O 地址分配表.

建立 I/O 地址分配表,见表 11-1.

表 11-1　I/O 地址分配表

I/O 地址	符号	说明	I/O 地址	符号	说明
X000	A1	气缸 A 伸出位置	Y000	YA	控制气缸 A 伸出
X001	PB1	启动开关			
X002	PB2	停止开关			

(4) 编写 PLC 梯形图程序,如图 11-4 所示.

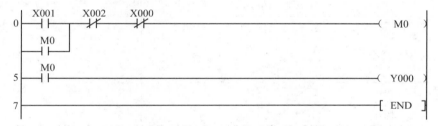

图 11-4　PLC 梯形图程序

【**例 11-4**】　A、B 两个气缸的气动控制回路.

动作要求:A 缸先伸出到 A1 位置立即退回,同时 B 缸伸出到 B1 位置立即退回,假设两个气缸均采用单电控电磁阀控制,试利用 PLC 控制其动作.气动控制回路如图 11-5 所示.

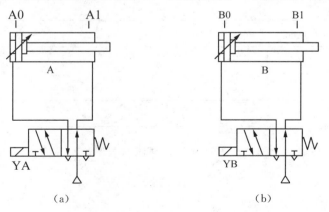

（a）　　　　　　　　　　　（b）

图 11-5　两缸气动控制回路

系统设计步骤如下:

(1) 列出输入/输出元件和辅助继电器.

输入元件:两个缸的非接触式行程开关 A0、A1、B0、B1;

主令元件:启动按钮 PB1,停止按钮 PB2;

输出元件:控制气缸的电磁阀 YA、YB;

辅助继电器:M0、M1;

本系统共有 6 个输入点和 2 个输出点.

(2) 选用可编程控制器.

根据本系统的 I/O 点数要求,选用 FX2N-16M 微型可编程控制器.其输入点数为 8,输出点数为 8.

(3) 列出 I/O 地址分配表.

建立 I/O 地址分配表,见表 11-2.

表 11-2 I/O 地址分配表

I/O 地址	符号	说明	I/O 地址	符号	说明
X000	A0	气缸 A 退回位置	Y000	YA	控制气缸 A 伸出
X001	A1	气缸 A 伸出位置	Y001	YB	控制气缸 B 伸出
X002	B0	气缸 B 退回位置			
X003	B1	气缸 B 伸出位置			
X004	PB1	启动开关			
X005	PB2	停止开关			

(4) 编写 PLC 梯形图程序,如图 11-6 所示.

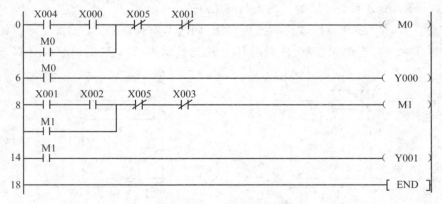

图 11-6 PLC 梯形图程序

附录　常用液压与气动图形符号

（摘自 GB/T 786.1—2009）

附表 1　符号要素、管路

名称及说明	符号	名称及说明	符号
工作管路	——	液压源	▶—
控制管路	- - - - -	气压源	▷—
组合元件框线	— · — · —	能量转换元件	◯
连接管路	┼	测量仪表	◯
交叉管路	┼	控制元件	□
柔性管路	⌣	调节器件	◇

附表 2　控制机构和控制方式

名称及说明	符号	名称及说明	符号
具有可调行程限制装置的顶杆		手动锁定控制机构	
用作单方向行程操纵的滚轮杠杆		使用步进电机的控制机构	
单作用电磁铁,动作指向阀芯		单作用电磁铁,动作指向阀芯,连续控制	
单作用电磁铁,动作背离阀芯		单作用电磁铁,动作背离阀芯,连续控制	

名称及说明	符号	名称及说明	符号
双作用电气控制机构,动作指向或背离阀芯		双作用电气控制机构,动作指向或背离阀芯,连续控制	
电气操纵的气动先导控制机构		电气操纵的带有外部供油的液压先导控制机构	

附表3 泵和马达

名称及说明	符号	名称及说明	符号
变量泵		单向旋转的定量泵或马达	
变量泵,双向流动,带外泄漏油路单向旋转		摆动执行器或旋转驱动:限制摆动角度,双向流动	
双向变量泵或马达单元:双向流动,带外泄油路,双向旋转		气动马达	
空气压缩机		变方向定流量双向摆动马达	

附表4 缸

名称及说明	符号	名称及说明	符号
单作用单杆缸,弹簧腔带连接油口		单作用柱塞缸	
双作用单杆缸		单作用伸缩缸	
双作用双杆缸,活塞杆直径不同,双侧缓冲,右侧带调节		双作用伸缩缸	
带行程限制器的双作用膜片缸		单作用压力介质转换器	

附表 5　阀

名称及说明	符号	名称及说明	符号
二位二通方向控制阀,推压控制机构,弹簧复位,常闭		二位二通方向控制阀,电磁铁操纵,弹簧复位,常开	
二位四通方向控制阀,电磁铁操纵,弹簧复位		三位四通方向电液控制阀	
三位四通方向控制阀,弹簧对中,双电磁铁直接操纵		三位五通直动式气动方向控制阀	
直动式溢流阀,开启压力由弹簧调节		比例溢流阀,直控式	
比例溢流阀,直控式,电磁力直接作用在阀芯上,集成电子器件		比例溢流阀,先导控制,带电磁铁位置反馈	
二通减压阀,直动式,外泄型		二通减压阀,先导式,外泄型	
三通型减压阀,液压		三通型减压阀,气动	
顺序阀,手动调节设定值		外部控制的顺序阀,气动	
流量控制阀		单向流量控制阀	
滚轮柱塞操作的弹簧复位式流量控制阀		二通流量控制阀,可调节,带旁通阀	

名称及说明	符号	名称及说明	符号
三通流量控制阀		集流阀	
分流器		先导式,双单向阀	
单向阀		梭阀(或逻辑)	
先导式液控单向阀		快速排气阀	

附表 6　辅助元件

名称及说明	符号	名称及说明	符号
过滤器		可调节的机械电子压力继电器	
带旁路节流的过滤器		压力测量单元(压力表)	
离心式分离器		温度计	
不带冷却液流道指示的冷却器		液位指示器(液位计)	

名称及说明	符号	名称及说明	符号
液体冷却的冷却器		流量计	
隔膜式充气蓄能器（隔膜式蓄能器）		加热器	
囊隔式充气蓄能器（囊式蓄能器）		温度调节器	
活塞式充气蓄能器（活塞式蓄能器）		手动排水流体分离器	
气源处理装置		带手动排水分离器的过滤器	
空气干燥器		自动排水流体分离器	
吸附式过滤器		油雾分离器	
油雾器		手动排水式油雾器	
气罐		真空发生器	

参考文献

[1] 丁树模. 液压传动[M]. 北京：机械工业出版社,2000.

[2] 王庭树,余从晞. 液压及气动技术[M]. 北京：国防工业出版社,1998.

[3] 路甬祥. 液压与气动技术手册[M]. 北京：机械工业出版社,2003.

[4] 张利平. 液压气动系统设计手册[M]. 北京：机械工业出版社,1997.

[5] 路甬祥,胡大纮. 电液比例控制技术[M]. 北京：机械工业出版社,1988.

[6] 周恩涛. 液压系统设计元器件选型手册[M]. 北京：机械工业出版社,2007.

[7] 王占林. 近代电气液压伺服控制[M]. 北京：北京航空航天大学出版社,2005.

[8] 李壮云. 液压元件与系统[M]. 3 版. 北京：机械工业出版社,2014.

[9] 张群生. 液压与气压传动[M]. 3 版. 北京：机械工业出版社,2016.

[10] 左健民. 液压与气压传动[M]. 4 版. 北京：机械工业出版社,2014.

[11] 王才峄. 气、液、电控制技术[M]. 上海：上海科学技术出版社,2010.

[12] 陈耿彪. 气、液、电控制技术[M]. 北京：机械工业出版社,2011.

[13] 严金坤,王钧功. 液压传动例题与习题[M]. 北京：国防工业出版社,1995.

[14] 刘延俊. 液压回路与习题[M]. 北京：化学工业出版社,2009.

[15] 孟延军. 液压传动[M]. 北京：冶金工业出版社,2008.